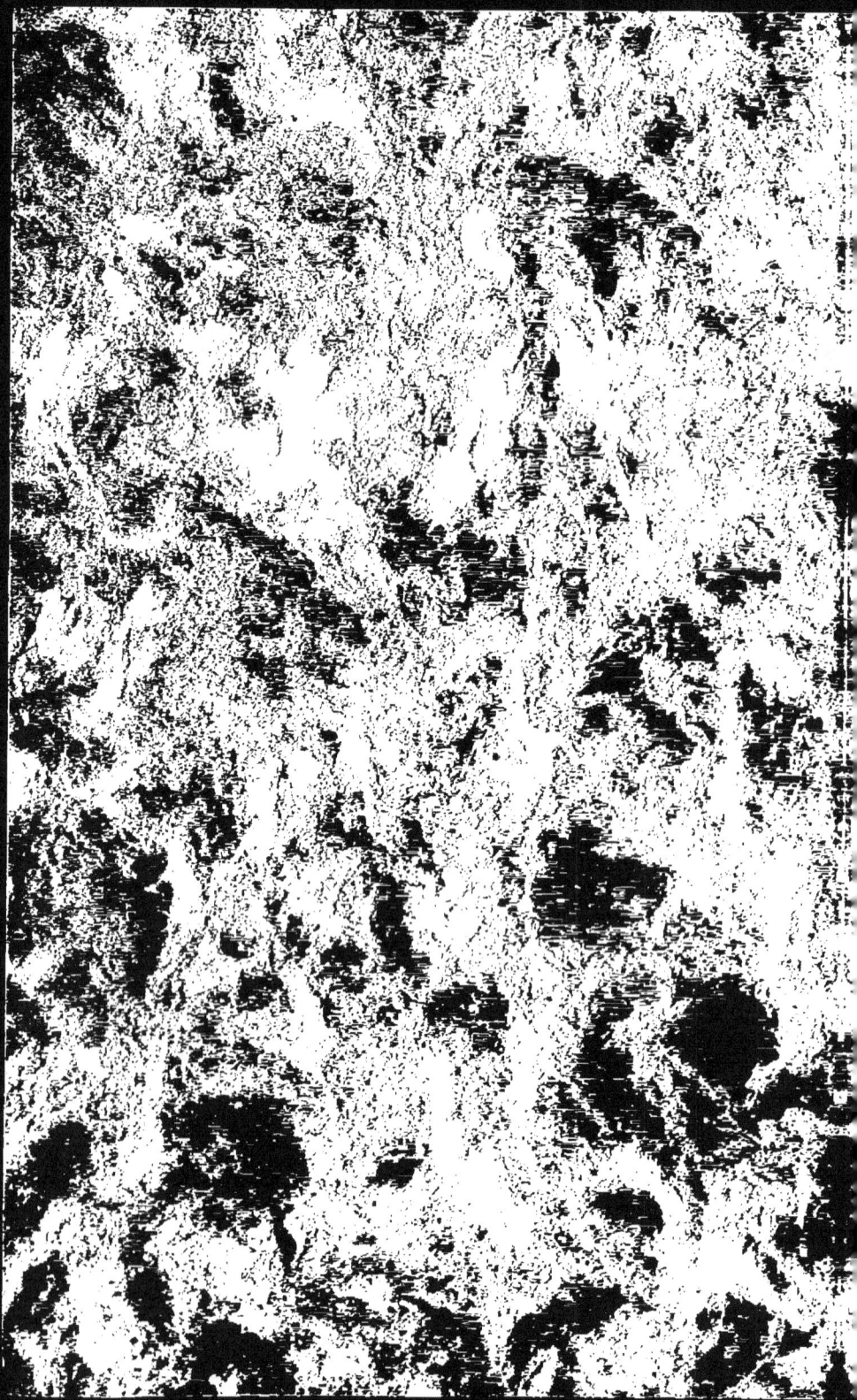

ARDOUIN 1970

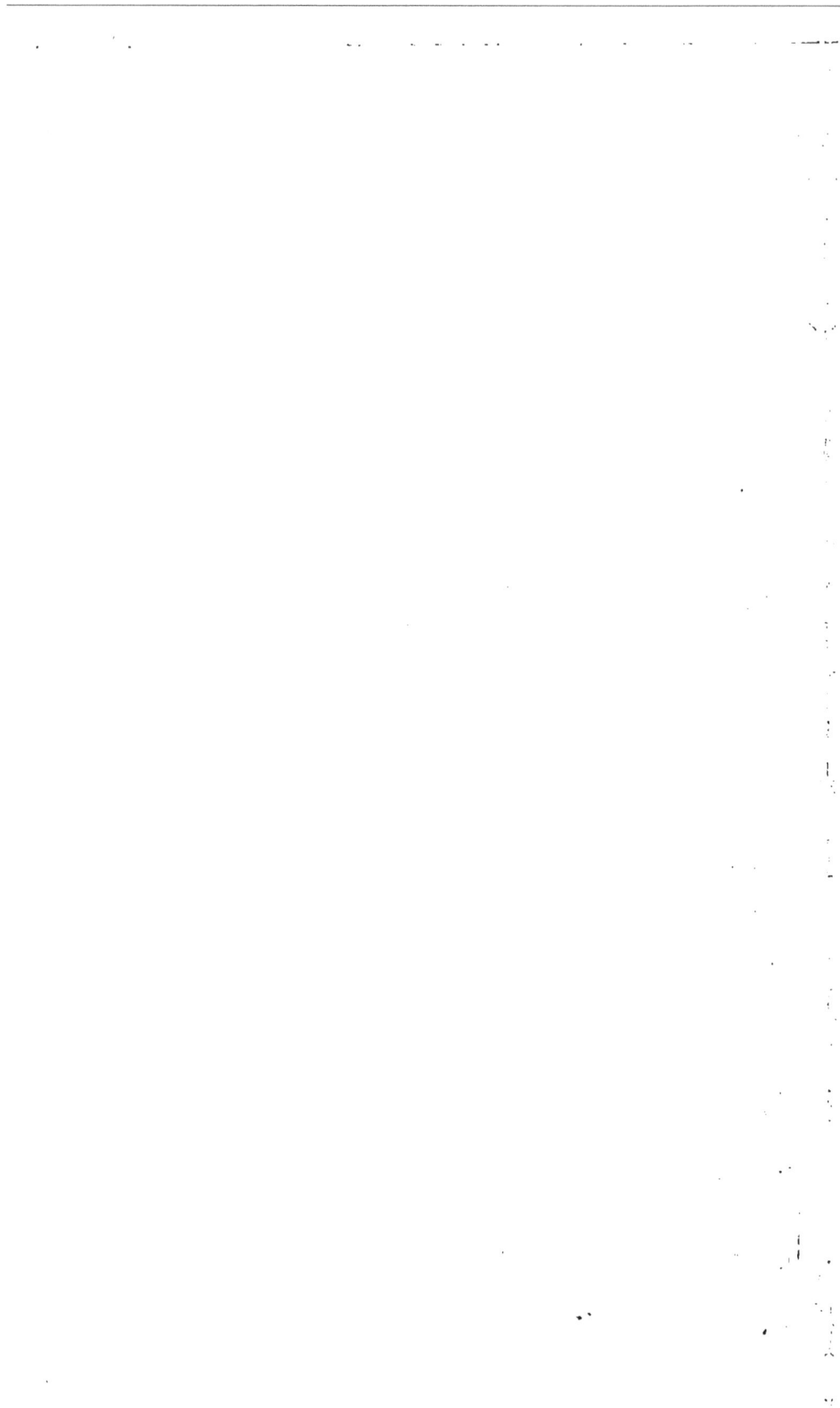

PRÉCIS PRATIQUE

DE L'ÉLEVAGE

DES LAPINS

LIÈVRES, LÉPORIDES

EN GARENNE ET CLAPIER

PAR

A. GOBIN

PROFESSEUR DE ZOOTECHNIE ET DE ZOOLOGIE
A L'ÉCOLE D'AGRICULTURE
DE MONTPELLIER

LIBRAIRIE AUDOT
NICLAUS & Cie Succrs, Éditeurs
8 Rue Garancière St Sulpice
PARIS

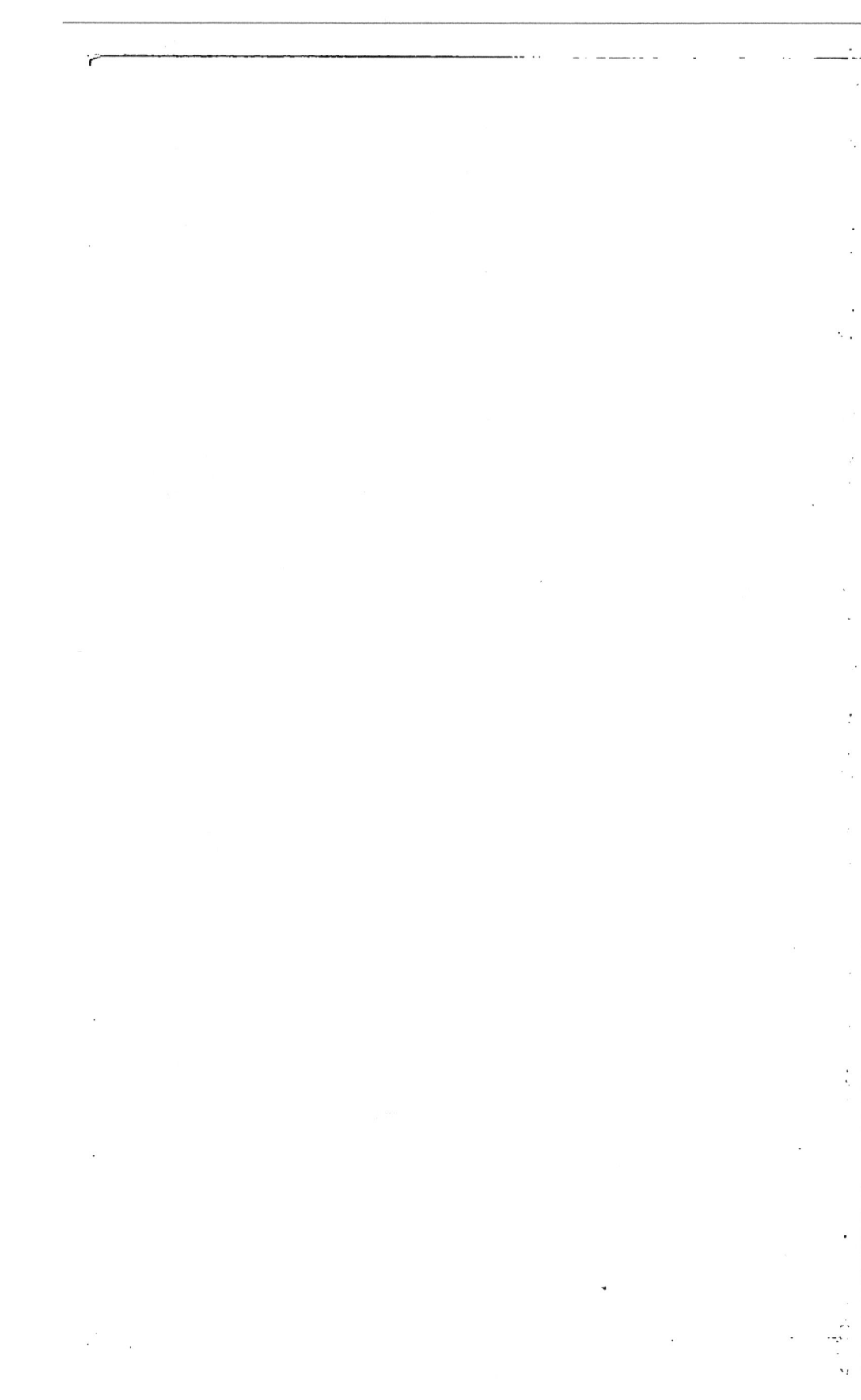

PRÉCIS PRATIQUE

DE

L'ÉLEVAGE DES LAPINS

1728

LES ÉDITEURS,

PARIS. TYPOGRAPHIE E. PLON ET Cⁱᵉ, 8, RUE GARANCIÈRE.

PRÉCIS PRATIQUE

DE

L'ÉLEVAGE DES LAPINS

LIÈVRES, LÉPORIDES

EN GARENNE ET CLAPIER

DOMESTICATION — CROISEMENTS
ENGRAISSEMENT — HYBRIDATION — PRODUITS

Par A. GOBIN

Professeur de zootechnie et de zoologie à l'École d'agriculture de Montpellier

ILLUSTRÉ DE NOMBREUSES GRAVURES INTERCALÉES DANS LE TEXTE

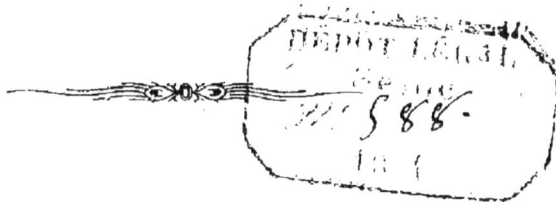

PARIS

LIBRAIRIE AUDOT

NICLAUS ET Cie, SUCCESSEURS

8, RUE GARANCIÈRE

1874

Tous droits réservés

PRÉLIMINAIRES ZOOLOGIQUES.

Lièvres et lapins, sauvages ou domestiques, appartiennent zoologiquement à la classe des Mammifères, à l'ordre des Rongeurs, à la section des Rongeurs à clavicules imparfaites, à la tribu des Lépusiens ou aux groupe des Lièvres, et aux deux genres voisins, Lièvre et Lapin. Brehm en fait, dans ses *Rongeurs*, la famille des Léporidés.

Tandis que les autres rongeurs ont, en haut comme en bas, seulement deux incisives, les lièvres en possèdent deux autres plus petites placées derrière les deux supérieures, comme pour les appuyer et les soutenir (fig. 1). Ils ont d'ailleurs de chaque côté, aux deux mâchoires, cinq molaires dépourvues de racines, formées de deux lames verticales soudées, et en plus, une sixième, simple et rudimentaire, à chaque côté et en arrière de la mâchoire supérieure, petite, mousse et presque quadrangulaire ; si bien que le nombre des dents est ainsi composé :

	INCISIVES.	MOLAIRES.	TOTAL.
Mâchoire supérieure. . . .	4	12	16
Mâchoire inférieure. . . .	2	10	12
Totaux.	6	22	28

1

Les incisives sont persistantes chez ces animaux, c'est-à-dire qu'il n'y a qu'une seule dentition et non, comme chez la plupart des mammifères, une dentition de lait et une autre d'adulte; il en est probablement de même chez tous les rongeurs, qui seraient

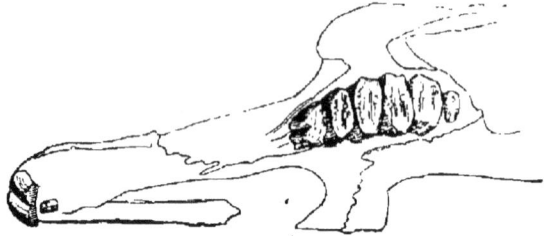

Fig. 1. Moitié de la mâchoire supérieure d'adulte.

exposés à mourir de faim durant le temps nécessaire au remplacement des incisives de lait par celles définitives.

Le nombre des vertèbres cervicales est de sept, comme dans tous les mammifères; celui des vertè-

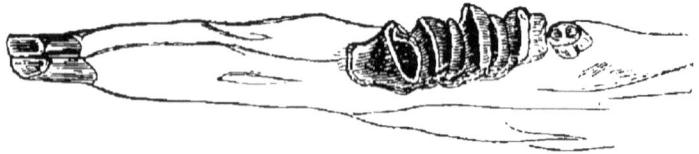

Fig. 2. Moitié de la mâchoire inférieure d'adulte.

bres dorsales et des côtes, de douze; celui des vertèbres lombaires de sept; celui de vertèbres sacrées de quatre ou cinq; enfin, celui des vertèbres coccygiennes de dix à quatorze. La clavicule est trop courte pour rejoindre le sternum à l'épaule, plus

longue pourtant chez le lapin que chez le lièvre.
L'intérieur de la bouche, le palais, est garni de poils

Fig. 3. Incisives du lièvre vues de face.

courts mais grossiers, et semblables à ceux du reste
du corps. Il en est de même du dessous des pieds,
également recouvert de poils sur toute sa surface.

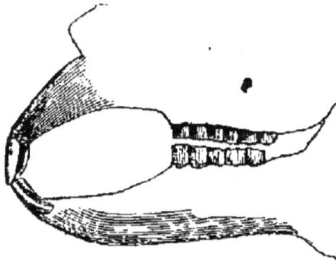

Fig. 4. Mâchoires du lièvre vues de côté.

Les pieds de devant portent cinq doigts et ceux de
derrière quatre seulement, tous armés de griffes ou
d'ongles robustes et plus ou moins longs et aigus.
Les membres postérieurs sont plus longs et plus

forts que les antérieurs; la queue courte et relevée.

Le canal digestif n'est pas seulement long et replié comme dans les herbivores, mais il présente encore, à la jonction de l'intestin grêle et du gros intestin, un énorme cœcum, cinq ou six fois plus grand que l'estomac, et intérieurement garni d'un repli en spirale qui en accroît encore la surface; on ne connaît point encore l'usage de cette poche.

Le crâne est comprimé et présente, sous l'orbite, un réseau de petites cavités séparées par de légères lamelles osseuses. La lèvre supérieure est entièrement fendue sur la ligne médiane; les lèvres sont épaisses et très-mobiles, et portent de fortes moustaches; les yeux sont grands et latéraux; le pelage épais, composé de poils plus ou moins longs recouvrant un duvet plus ou moins fin et serré.

La tribu des Lépusiens ou groupe des lièvres est divisée en deux genres : Lièvre et Lagomys. Le premier, le seul dont nous ayons à nous occuper ici, ne comprend que deux espèces, le lièvre et le lapin, dont les mœurs présentent de grandes similitudes; nocturnes ou du moins crépusculaires, ils sont très-agiles, très-timides et très-féconds. Leur marche consiste en une succession de bonds ou de sauts; parfois, ils se tiennent longtemps assis sur les membres postérieurs, le corps dans la station debout. Ils se nourrissent exclusivement de végétaux, verts ou secs, fourrages, grains, graines, etc. Leur manière de vivre varie suivant les espèces, le climat et la nature du sol. On en rencontre dans les deux hémisphères.

Fig. 5. Lièvre commun.

CHAPITRE PREMIER.

LE LIÈVRE.

Le lièvre se distingue zoologiquement par les oreilles, d'un dixième environ plus longues que la tête ; par sa queue, qui est d'à peu près la même longueur que la cuisse, et blanche avec une ligne noire en dessus ; par son corps plus ou moins allongé ; par sa tête comprimée ; par sa poitrine étroite relativement au bassin ; par la longueur considérable de ses membres postérieurs comparés aux antérieurs. Généralement il ne se terre point, met bas, à découvert, des petits qui, dès leur naissance, sont couverts d'un épais duvet. On en connaît un assez grand nombre d'espèces.

Le *Lièvre commun* ou timide (*Lepus timidus*) (fig. 5),

a environ 0^m,75 de longueur, du bout du nez à l'extrémité de la queue, 0^m,30 de hauteur, et pèse de 4 à 5 kilog. vivant ; mais il peut atteindre, dans les pays de riche culture et dans les bonnes saisons, jusqu'à 8 et 9 kilogr. On distingue, au point de vue cynégétique, le lièvre de montagne, de bois, de forêts, de marais, plus grand et à manteau de couleur fauve rougeâtre, avec de longs poils ; et le lièvre des plaines, des coteaux, des collines sèches et arides, à dos gris noir et à ventre blanc, généralement de taille plus petite que le précédent. En général, les poils du lièvre sont, les uns noirs, les autres gris à la racine, d'un brun foncé vers l'extrémité, et annelés, dans le milieu, de jaune roux plus clair ou plus foncé ; le duvet est épais, fortement crépu, long, blanc sur la gorge et les flancs, roux à la nuque et au cou, blanc avec l'extrémité brune sur le dos. Le pelage, dans son ensemble, a une couleur sableuse ou terreuse, brun jaune moucheté de noir au dos, jaune brun avec des traînées blanches au cou, blanc au ventre. La femelle, ou hase, est plus petite et plus rousse que le mâle ou bouquin.

On trouve, en outre, des lièvres jaunes tachetés de blanc, d'autres qui sont d'un gris blaireau plus ou moins foncé, la couleur du pelage semblant varier avec le milieu dans lequel vit l'animal, et surtout la couleur du sol, variations qu'on ne rencontre point dans le lapin sauvage. Les jeunes portent souvent au front une marque blanche qui, généralement, disparaît avec l'âge, mais qui persiste pourtant parfois. Le lièvre ordinaire présente parfois des cas d'albinisme, c'est-à-dire que l'animal porte un pelage blanc; il est facile de le distinguer du lièvre variable en ce qu'il a les yeux roses et les oreilles entièrement blanches, et en ce que son pelage ne change pas de l'année. Les oreilles, l'animal étant au repos, sont couchées sur le corps, et atteignent la base de la queue; elles sont noires vers l'extrémité.

Le lièvre commun a pour patrie toute l'Europe centrale et une faible partie de l'Asie occidentale; dans le sud, il est remplacé par le lièvre de la Méditerranée, espèce plus petite, au pelage plus roux; dans les hautes montagnes, par le lièvre variable; dans les contrées septentrionales, par le lièvre des neiges, espèce très-voisine mais probablement distincte du lièvre des Alpes. Sa limite au nord es l'Ecosse, la Suède méridionale et le nord de la Russie; au sud, la France et l'Italie septentrionale. On ignore encore si le lièvre de la Chine, de la Boukharie, des steppes des Kirghiz, est le même que le nôtre. Il préfère les contrées tempérées aux pays froids, et l'on a vainement tenté de l'acclimater dans l'extrême Nord.

Le lièvre commun est un animal plutôt nocturne que diurne; c'est la nuit surtout qu'il va au gagnage, parcourant les champs pour y pâturer, rentrant à la forêt dès avant le jour. En hiver, lorsque les bois sont dégarnis de feuilles, il élit volontiers domicile dans les guérets et les champs ensemencés, dans les bas-fonds couverts de joncs et de longues herbes. Pressé par la famine, il ronge l'écorce des arbres, notamment de l'acacia et du mélèze. Au printemps, il parcourt la nuit les champs de céréales, les prairies artificielles, rongeant, coupant pour se faire un passage et se nourrir ; à l'automne, il rend visite à nos cultures de choux, de betteraves et de navets, broutant non-seulement les feuilles, mais aussi le collet et les racines. C'est là qu'il gîte souvent, le jour, sommeillant, l'œil et les oreilles ouverts ; dans un endroit sec, il se prépare une couche en pratiquant un léger creux dans lequel il se couche. Ce gîte lui sert pendant un certain nombre de jours et même de nuits dans les pays privés de bois ; mais pour y arriver et pour en repartir, il n'est sorte de ruses qu'il n'emploie, en tournant autour à distance, le dépassant, revenant, faisant de grands bonds en avant ou de côté, emmêlant ses traces pour dépister son principal ennemi, le chien, et se réserver le temps de fuir au moment opportun, avant que son fumet ait trop évidemment révélé son gîte. Il est rare qu'il quitte le canton où il est né ; il ne s'en éloigne que momentanément durant la saison des amours, ou lorsqu'il est poursuivi par les chasseurs, et y revient bientôt ; il ne l'abandonne définitivement que lorsque la nourriture lui fait complétement défaut ou qu'il y est trop souvent chassé.

Il est doué d'une grande vitesse et d'un grand fond ; il court plus vite que le meilleur cheval au galop et peut soutenir longtemps cette vitesse ; l'extrême longueur de ses membres postérieurs lui permet de gravir rapidement et sans fatigue des pentes escarpées, privilége dont il use souvent pour prendre de l'avance sur les chiens courants ou pour distancer le lévrier, son plus redoutable ennemi (son nom de *lepus*, d'ailleurs, paraît n'être qu'une contraction des deux mots *levis pes*, pieds légers); mais aussi il est défavorisé à la descente.

Le lièvre est polygame; le temps du rut pour le mâle, de la chaleur pour la femelle, commence, suivant le climat et la température, en février, mars ou avril. « Au commencement de la saison du rut», dit Dietrich de Winckell, « les mâles rôdent partout « et sans cesse, cherchant des hases, suivant leur « piste, le nez à terre comme les chiens. Quand un « mâle et une femelle se sont rencontrés, ils com- « mencent par s'agacer l'un l'autre, courant en « cercle, se dressant, et dans ce jeu, la femelle est « la plus démonstrative. Bientôt cependant, d'autres « mâles arrivent; le premier cherche à entraîner sa « compagne, à la faire fuir, mais elle résiste, et finit « par se donner au plus vaillant. On comprend faci- « lement que la chose ne doit pas se passer avec « calme. La jalousie irritant les mâles, ils se livrent « un combat qui, sans avoir une issue fatale, est « des plus divertissants pour le spectateur. Deux, « trois mâles, un plus grand nombre quelquefois, se « courent dessus, s'éloignent, se dressent l'un contre « l'autre, s'élancent à nouveau, se donnent des « coups de pattes; le duvet vole de tous côtés, « jusqu'à ce qu'enfin le plus fort reste vainqueur, « ou que la hase, ce qui arrive souvent, se « soit éloignée furtivement avec un des combat- « tants, ou avec un nouvel arrivant. » Voilà bien la

1.

sélection naturelle destinée, par la nature, à pourvoir à la conservation des espèces sauvages.

La hase, dans nos climats, fait, d'après Tousse-
nel, une quinzaine de petits chaque année, une
portée par mois, de février à la Toussaint. Brehm,
plus explicite, dit qu'elle met bas pour la première
fois dans la dernière quinzaine de mars, pour la
quatrième et dernière fois en août. La première
portée est d'un ou deux petits, la seconde de trois à
cinq, la troisième de deux, la quatrième d'un ou
deux ; ce n'est qu'exceptionnellement et dans des
hivers très-doux, ajoute-t-il, qu'elle a cinq portées.
Ce serait en tout, et dans ce dernier cas, de huit à
quatorze petits ; mais Brehm parle du lièvre sous le
climat de l'Allemagne, moins tempéré que le nôtre.
M. Eug. Gayot nous apprend que la hase donne, le
plus souvent, deux petits par portée, parfois quatre
ou cinq, et il pense que le nombre des gestations
par année (214 jours, de mars à septembre) doit
être d'au moins quatre.

D'après tous les naturalistes, la durée de la gestation de la hase serait de trente à trente-deux jours ;
M. Eug. Gayot s'est assuré, sur des hases fécondées
par le bouquin et maintenues en captivité, que cette
durée était de quarante à quarante-deux jours. Brehm
ajoute qu'elle reste en chaleur durant tout ce temps ;
Buffon nous avait appris déjà qu'elle pouvait encore
être fécondée durant la gestation. C'est que, dans le
genre lièvre, le corps de l'utérus n'existe pas en
quelque sorte, que ses cornes seules sont développées, de façon qu'il y a, en réalité, deux matrices

qui peuvent être le siége de fécondations simultanées ou successives, que la même femelle peut
mettre bas deux fois à intervalles plus ou moins dis-
tants, dans l'espace de quarante jours.

La hase, dès qu'elle a mis bas, reçoit de nouveau
le mâle, de sorte que les portées se succèdent sans
interruption pour l'allaitement et l'élevage. En effet,
cinq portées de quarante et un jours l'une, rempli-
raient deux cent cinq des deux cent quatorze jours
que notre climat accorde à la reproduction de l'espèce. La hase met bas dans un endroit tranquille,
sur un tas de terreau ou de fumier, de feuilles sèches, dans le creux d'une vieille souche d'arbre,
parfois même sur le sol nu. Les petits viennent au
monde les yeux ouverts, le corps garni d'un poil
assez long, serré et duveteux ; ils courent vite déjà
et se cachent dans les trous, dans les ornières, derrière les mottes, si leur mère, poursuivie, est con-
trainte de les abandonner. Dès leur naissance, ils se
lèchent et se nettoient eux-mêmes. La mère ne reste
avec eux que pendant dix ou quinze jours, après
quoi elle les abandonne pour vaquer à de nouvelles
amours ; ils sont d'ailleurs en état déjà de pourvoir
à leur subsistance et à leur sécurité. Dès le printemps suivant, ils seront devenus eux-mêmes aptes
à se reproduire.

On dit pourtant que pendant les jours qui suivent
le sevrage, la hase revient de temps en temps à son
ancien nid, appelle les levrauts en faisant claquer
ses oreilles l'une contre l'autre, et leur donne à teter, moins par affection que pour soulager ses ma-

melles gonflées de lait. Ce qui paraît très-certain,
c'est que l'amour maternel paraît peu développé
chez elle, et qu'en cas de danger elle fuit sans se
préoccuper de sa progéniture. La mortalité est considérable parmi les levrauts, surtout lorsque le printemps est froid et que l'été est humide ; elle procède
d'une autre cause encore, du massacre qu'en font
les mâles de leur propre espèce, les renards, putois,
belettes, et les oiseaux de proie, les pies, et jusqu'au lapin lui-même. Adulte, il pourra fuir les ennemis, grâce à la vitesse de ses jambes, et nous
venons de voir que l'espèce a été douée d'une assez
belle fécondité.

Chez aucun autre animal, dit Brehm, on ne trouve
autant de monstres que chez le lièvre ; il n'est pas
rare d'en voir qui ont deux têtes, deux langues, des
dents saillantes. La jeune famille ne quitte point
d'ordinaire la contrée où elle est née ; chacun fait
son gîte à part, mais tous à peu de distance ; frères
et sœurs vivent ainsi en troupe jusqu'à l'âge de cinq
à six mois ; on se sépare alors, et chacun va de son
côté. Les termes extrêmes de la vie du lièvre paraissent être de sept à huit ans ; mais combien peu y
parviennent ! Bêtes fauves et puantes, oiseaux de
proie, braconniers et chasseurs y savent mettre
ordre. Si nous admettons qu'une femelle d'un an
fasse quatre portées de huit petits en tout, et que
les sexes s'y trouvent en nombres égaux, que les
hases se reproduisent dès leur seconde année, nous
trouverons qu'une seule femelle peut produire,
dans l'espace de cinq ans, 2,500 individus, dont

moitié mâles et moitié femelles. Néanmoins, les
lièvres diminuent de nombre chaque jour, en
France, bien loin d'augmenter. C'est d'abord parce
qu'on défriche les bois, les forêts et les bosquets de
plaines ; c'est ensuite que la culture, plus soigneuse
et plus active, fait disparaître les haies, les fossés, les
buissons, les landes, les jachères même ; c'est, enfin, que le goût de la chasse s'est de plus en plus
répandu parmi nous, et surtout que les braconniers
se sont multipliés, mettant en œuvre le fusil, l'affût
de nuit et les collets.

Faut-il déplorer la diminution de l'espèce lièvre ?
Au point de vue du chasseur, cela est incontestable ;
la chasse de ce gibier est pleine d'imprévu, semée
d'incidents, exige de l'adresse, de l'habitude, de la
persévérance ; elle suppose une gymnastique favorable à la santé ; et puis un lièvre est un beau coup
de fusil. Au point de vue de la culture et de l'intérêt général, moins optimiste que M. Gayot et les
chasseurs, nous répondrons hardiment non ! Bien
que le lièvre fasse moins de dégâts que le lapin
dans nos récoltes, il n'en est pas moins gaspilleur
par ses dents et ses pieds, et il a le grave défaut
d'entraîner après lui, à sa suite, des meutes de
chiens et de chasseurs qui causent encore plus de
dommages que lui. A coup sûr, le prix de revient
d'un lièvre, dans nos pays de riche culture, est plus
élevé que celui de la plus belle brebis, et sa valeur
est au moins dix fois moindre. Je n'aperçois point
par ailleurs quels services il nous peut rendre, sauf
la chair d'un prix élevé qu'il fournit à la consom-

mation de luxe, et le plaisir qu'on peut éprouver à l'occire. Il n'a de raison d'être que là où règne le régime féodal et où dominent les grandes fortunes, ou encore dans les parcs enclos, et dans les pays déserts et sans culture.

Le lièvre tend à disparaître; son prix, comme gibier, s'élève conséquemment. D'un autre côté, on le recherche beaucoup vivant, depuis quelques années, en vue de l'hybrider avec le lapin; aussi s'est-il rencontré d'intelligents industriels, de zélés expérimentateurs, qui ont tenté de le multiplier en captivité. Citons les uns et les autres :

M. Roux, ancien président de la Société d'agriculture d'Angoulême, a élevé, de 1846 à 1859, un grand nombre de lièvres, souvent vingt par an, en captivité, en vue de faire des reproducteurs pour l'hybridation avec la lapine. M. Calon, à Saint-Ouen-l'Aumône, près de Pontoise (Seine-et-Oise), a établi, depuis plusieurs années, une garenne close dans laquelle il fait reproduire et élève le lièvre en état demi-sauvage. Un maréchal-forgeron, M. Varin, de Saint-Mard-sur-le-Mont (Marne), se livre, depuis 1865, à un petit élevage en captivité. Presque à la même époque, un grainetier de Versailles, M. Et. Coquillard, organisait chez lui, dans sa propre maison, un petit élevage, qui finit par devenir très-lucratif par la vente des reproducteurs. Un chasseur, M. le baron de Beaufort, à Verdun-sur-Meuse, entreprit la même tâche en 1867, afin d'accroître le nombre du gibier dans les forêts de l'Est. M. Thomas, juge de paix à Saint-Dizier (Haute-Marne), M. Trailin, à

Verdun-sur-Meuse (Meuse), M. Eug. Gayot, à Bré-
tigny (Seine-et-Oise), ont élevé en captivité un plus
ou moins grand nombre de lièvres, afin d'en obtenir des Léporides. C'est le résultat de leurs expériences que nous allons tenter d'exposer ici en les
résumant.

L'élevage en garenne d'abord. Celle de M. Calon
a une contenance d'environ vingt-cinq hectares, et
comprend un petit bois taillis et des cultures céréales et fourragères. La reproduction s'y fait en liberté
de la mi-décembre à la mi-septembre, les femelles
adultes mettant souvent bas, de vingt en vingt jours,
deux ou trois levrauts provenant de deux gestations simultanées. En automne, on fait une chasse
en battue pour rassembler la population dans un endroit clos, où se fait le triage des reproducteurs à
conserver, des produits qui doivent être vendus; on
rend les uns à la liberté et on expédie les autres
aux acheteurs. De la sorte, le chiffre de la population est conservé tel qu'il ne puisse causer à la culture de la garenne de trop grands dommages, savoir
trois cents têtes en total ou douze par hectare. Il
est bien entendu qu'en hiver on donne sous un hangar, durant les mauvais temps, du foin, des carottes, des betteraves, etc. M. Calon ne pouvait,
avant la guerre, suffire aux demandes; nous crai-
gnons fort que la guerre n'ait dépeuplé son enclos.

L'élevage en captivité est bien plus difficile et plus
chanceux. Il faut bien commencer avec des levrauts
sauvages, pris au nid à l'époque de la fauchaison
ou de la moisson; ils s'habituent bien vite à boire à la

cuiller ou au verre avec du lait de vache, de brebis ou
de chèvre ; placés isolément ou par couples provenant de la même nichée, ils vivent en bonne intelligence tant que l'amour n'a point commencé à parler ; à partir de ce moment, il est prudent de les
isoler un à un ; c'est ce que fait M. Roux dès l'âge
de quatre mois. D'après M. Coquillard, c'est à neuf
mois au plus tôt que les jeunes femelles font leur
première portée, rarement plus tard que le dixième
mois ; elles mettent alors au monde d'un à trois,
parfois quatre petits ; le nombre des portées est de six
ou sept par an, en moyenne quinze petits, de janvier
à la fin d'août. M. Coquillard a maintes fois employé
la consanguinité la plus rapprochée, comme père et
filles, frères et sœurs, et ne paraît pas y avoir trouvé
d'inconvénients. Il ne sépare jamais les animaux qu'il
a mis en ménage, et a observé de la part du mâle
une tendresse et des soins pour les petits, supérieurs
à ceux de la mère même. De son côté, M. Roux a vu
les adultes vivre ensemble dans son clapier sans remarquer entre eux d'agressions sérieuses ; il a en
outre constaté que les mâles conservaient leurs fa-
cultés prolifiques jusqu'à dix ou douze ans, et se
montraient encore aussi ardents que de jeunes bouquins. Tout le monde est d'accord sur l'urgence de
prévenir l'évasion des lièvres captifs, si familiers qu'ils
se puissent montrer, et de les préserver de toute at-
teinte de leurs nombreux ennemis.

M. Coquillard a fait construire dans sa cour un
clapier pour ses élèves. Ce clapier se compose de
loges de 2 mètres de longueur sur 0^m,50 de profon-

Fig. 6. Chèvrerie de M. Gayot.

deur et 0ᵐ,75 de hauteur, avec une porte à claire-
voie dans son milieu seulement, pleine en haut et
en bas, et de 0ᵐ,50 de large. Pour tout ameublement
une augette en bois, pour la distribution du grain,
du son ou des farines. Il y a deux rangs de loges
semblables étagées, un rez-de-chaussée et un premier ; chaque loge est fermée par un cadenas. M. Eug.
Gayot, après avoir pratiqué l'installation représentée
figure 6, emploie et conseille des tonneaux placés debout, et à peine enterrés ; ces tonneaux sont disposés
sous un hangar et sur une seule ligne, ligne qui
est droite, derrière un tablier qui forme le fond de
petites cours grillagées disposées en avant. L'autre
extrémité est fermée par une porte. Le grillage supérieur, couvert, en avant, d'une bande de zinc,
abrite les auges à grain et les petits abreuvoirs.
Pour nettoyer les tonneaux, on fait passer les animaux dans la petite cour grillagée, après quoi le
tonneau couché sur le sol offre un moyen facile et
prompt de curage.

M. Gayot attribue avec juste raison, pensons-
nous, une grande importance à la forme de la cabane sur l'accouplement et la fécondation, car il faut
bien dire que dans l'espèce lièvre, la femelle née à
l'état sauvage, et mise, même jeune, en captivité,
ne se prête pas toujours de bon gré aux désirs du
mâle. Si la case présente des angles, c'est là qu'elle
se réfugie et fait une facile défense ; si elle est ronde,
au contraire, la hase, après une poursuite plus ou
moins longue, est obligée de se rendre ; de là l'emploi conseillé du tonneau placé debout et entier,

afin d'offrir plus d'espace en hauteur, et d'éviter que les animaux dans leurs bonds ne viennent se briser la tête contre le plafond.

Le même éleveur, dont on ne saurait mettre en doute la compétence, recommande d'apporter dans la loge même du mâle, la femelle qu'on veut lui faire féconder, afin de laisser au géniteur toute l'audace que donne la conscience du chez soi, en même temps que s'accroît la timidité de la femelle dépaysée. Nous avons vu que M. Coquillard laisse constamment ses couples ensemble; M. Varin les sépare, de même que M. de Beaufort et M. Trailin; dans le premier cas, on obtient un plus grand nombre de portées; dans le second, un seul mâle suffit pour une douzaine de hases, dont on peut toujours néanmoins obtenir des fécondations, en même temps simultanées et successives, en ayant soin de les rendre au bouquin après chaque accouchement.

Nous avons vu que les levrauts naissent couverts de poil et les yeux ouverts; la mère les dépose sur le sol, et chacun se cherche aussitôt dans le voisinage un petit abri; il est à remarquer qu'à ce moment la hase acceptera sans difficulté les levrauts étrangers, sauvages ou domestiques, qu'on aura introduits dans sa cabane. Elle allaite les uns et les autres durant un temps variable de quinze à quarante jours, suivant qu'elle geste simultanément une autre portée, ou qu'on l'a fait féconder aussitôt après la mise bas ou bien qu'on s'en est abstenu; moins longtemps dans les deux premiers cas et plus dans le dernier. Il est prudent donc de séparer vers le vingt-cinquième ou le trentième jour dans le cas le plus favorable, vers le douzième ou quinzième dans les autres, les enfants de la mère, qui les pourrait bien occire afin de retourner à de nouvelles amours.

Les levrauts se développent rapidement; d'après M. Trailin, ils sont gros lièvres et se reproduisent dès l'âge de quatre mois; chez M. Gayot, la femelle ne fait jamais sa première portée avant l'âge de neuf mois au moins. Mais nous pensons que la domestication devra avoir pour résultat d'accroître à la fois la fécondité et la précocité de l'espèce, d'augmenter le nombre des portées, et dans chaque portée le nombre des levrauts, dont le développement sera plus rapide. Et M. Gayot a remarqué de telles discordances de mœurs et de caractère entre les lièvres tenus en captivité, et parmi ceux mêmes nés sauvages et faits captifs, qu'il ne paraît pas éloigné de croire à l'existence de plusieurs races naturelles. Nous verrons plus tard qu'il tire de ce fait une conclusion encore plus étendue.

N'oublions point que le lièvre est un animal nocturne, pâturant la nuit, dormant le jour, timide, comme l'indique son nom zoologique, mais susceptible de s'apprivoiser, comme le témoignent de nombreux faits. De ces notions, il résulte que pour le familiariser avec l'homme et avec ses auxiliaires, il ne faut point le laisser dans l'isolement et l'obscurité. C'est petit à petit, graduellement, avec précaution, qu'il faut nous attirer sa confiance. Supposons donc un jeune levraut pris dans les champs et apporté à la maison; il faudra le placer dans une ca-

bane où on lui ménagera le jour par un volet, qu'on
entre-bâillera successivement davantage ; lui préparer un abri, un refuge contre la peur, en y plaçant
un petit fagot derrière lequel il pourra se cacher,
un peu plus tard, la porte pleine sera remplacée par
une porte à claire-voie ; quelques jours encore, et
on tiendra cette porte ouverte, afin que le captif
puisse aller s'ébattre dans une cour grillagée, qu'on
fera aussi étendue que possible et où il se familiari-
sera avec les bruits divers, avec l'aspect de l'homme,
des oiseaux de basse-cour, des chiens eux-mêmes.
Tout cela suppose des soins, de l'habileté, de la pa-
tience, des friandises prodigalement distribuées, une
grande prudence, nous le savons, mais la conquête
du précieux mammifère est à ce prix. Il faut le ral-
lier à l'homme avant de le domestiquer ; l'hérédité
aura bientôt fixé la confiance dans les mœurs de la
race captive, le lièvre timide sera devenu le lièvre
domestique, le similaire du lapin de clapier.

Quant à la nourriture, même transformation se
produira : « En l'état de familiarité, le lièvre mange
réellement aussi bien le jour que la nuit ; d'abord
aux heures ordinaires des repas réguliers, le matin
et le soir, ni trop tôt ni trop tard ; et ensuite à tous
les moments de la journée où vient une gâterie quelconque, où est offerte une friandise nouvelle. » Les
levrauts, tout en tetant, boivent fort bien du lait
de vache, de chèvre et de brebis, plus ou moins
étendu d'eau ; il en est de même de la mère aussitôt
après l'accouchement ; mais aux uns et à l'autre, il
n'en faut donner qu'avec précaution et en petite

quantité ; plus tard, on y substitue l'eau pure, mais elle doit se trouver continuellement à leur disposition, en toute saison, par tous les temps. Les lièvres aiment les fourrages verts pendant la belle saison, le foin de prairies naturelles ou artificielles, les racines, betteraves et carottes saupoudrées de son ou de farine pendant la mauvaise. Comme les lapins, plus qu'eux encore peut-être, ils réclament la plus grande propreté dans leur habitation et les ustensiles à leur usage, une grande régularité dans la fermeture des portes de leur prison ; sans quoi, quelque apprivoisés et familiers qu'ils soient, ils ne manqueraient pas de prendre la clef des champs.

Terminons par une remarque importante due à MM. Calon et Gayot : Lorsque le nombre des mâles est trop restreint relativement aux femelles, il n'est pas rare que, durant l'été, les premiers soient pris d'une maladie du coït, avec écoulement contagieux, qu'ils communiquent aux femelles dans l'accouplement, et qu'il est difficile de guérir. Le même accident se produit parfois chez le lièvre en liberté, et devient la cause d'une mortalité dont on ne se rend pas toujours compte. M. Calon pense y remédier en établissant dans sa garenne un bassin où ses captifs pourront aller se rafraîchir, en se baignant pendant les fortes chaleurs. Le plus sûr remède nous paraîtrait consister dans une juste proportion entre les bouquins et les hases du clapier ou de la garenne, et dans un régime rafraîchissant en été.

Nous croyons avoir démontré par les nombreux faits révélés par M. E. Gayot, la possibilité, disons

mieux, la facilité de l'élevage du lièvre en captivité.
L'exemple de MM. Calon, Varin, Coquillard, justifie
la conviction de M. de Beaufort, « qu'un homme intelligent qui voudrait s'occuper de cette reproduction
en grand pourrait gagner beaucoup d'argent ».

Ces longs détails sur l'élevage du lièvre commun
(*Lepus Timidus*) nous ont fait perdre de vue la distinction des diverses espèces sauvages ; revenons-y :

Le *Lièvre variable* (*Lepus Variabilis*) ou lièvre
des Alpes, ou lièvre des neiges, présente cette particularité qu'il change de pelage avec les saisons ;
d'un brun grisâtre en été, et presque identique, sous
ce rapport, avec le lièvre commun, il devient blanc,
complètement blanc, moins le bout des oreilles, qui
reste d'un brun noirâtre en hiver. C'est exactement
ce qui se passe pour un grand nombre d'animaux
originaires du Nord, exemple : l'hermine, le rose-
let, etc., la nature cherchant la préservation de l'espèce en mettant l'animal en harmonie de couleur
avec le terrain sur lequel il doit vivre. D'après
Tschudi, le lièvre variable, qui habite les régions
septentrionales de l'Europe et de l'Asie, recherche les
lieux les plus froids des Alpes suisses, où il remplace,
dès une certaine hauteur, le lièvre brun ou gris des
montagnes, lequel est lui-même plus vigoureux,
plus grand, plus fort que le lièvre des plaines. Le
lièvre des Alpes différerait encore, selon le même
naturaliste, de ses congénères, par la structure de
son corps et par ses mœurs : plus vif, plus agile,
plus hardi, il a la tête plus ronde, le front plus
bombé, le nez plus court, les joues plus larges,

c'est-à-dire les mâchoires plus écartées ; les oreilles plus courtes ; les membres postérieurs plus longs ; la plante des pieds plus velue ; les doigts plus séparés, plus mobiles, armés d'ongles longs, très-pointus, crochus et rétractiles ; les yeux d'une coloration plus foncée ; il est plus petit que le lièvre des montagnes, bien qu'il puisse parvenir dans sa vieillesse au poids extrême de 6 et même de 7 kilogr. 500. Comparé au lièvre commun, il paraît plus intelligent, plus agile, moins timide ; ses tibias sont plus fortement arqués, sa tête et son museau plus courts, ses oreilles plus petites et ses tarses postérieurs plus longs. Les chasseurs des Grisons en distinguent deux variétés : le lièvre des bois, qui ne dépasse pas la limite des forêts, même en été, soit environ 2,000 mètres d'altitude, plus grand et à tête plus fine ; et le lièvre des montagnes, qui gagne les hauteurs jusqu'aux neiges éternelles (2,665 mètres environ) pendant la saison chaude, plus petit et à tête plus volumineuse.

L'un et l'autre changent de poil à l'automne et au printemps, et cette modification ne sera pas sans intérêt pour nous. Écoutons Tschudi, naturaliste et chasseur des Alpes, bien et doublement compétent, par suite : « Au mois de décembre, lorsque toutes les Alpes sont ensevelies sous la neige, le lièvre des Alpes est aussi blanc que la neige qui l'entoure ; la pointe de ses oreilles est la seule partie de son corps qui reste noire. Le soleil du printemps apporte au mois de mai d'intéressants changements dans la couleur de son pelage. Son dos commence à devenir

gris, et les poils gris isolés deviennent de plus en
plus abondants au milieu des poils blancs de ses
flancs. Au mois d'avril, il est irrégulièrement ta-
cheté; de jour en jour le gris brun prend le dessus
sur le blanc, et dès le mois de mai notre lièvre est
devenu d'un gris brun uniforme, qui n'est pas nuancé
comme chez le lièvre ordinaire; celui-ci a d'ailleurs
le poil plus grossier que celui des Alpes. En automne, dès les premières neiges, des poils gris ap-
paraissent parmi les bruns; mais comme dans les
Alpes l'hiver s'établit plus vite que le printemps, ce
changement de couleur est plus tôt terminé, et a lieu
en quelques semaines, depuis le commencement d'octobre jusqu'au milieu de novembre. Au moment où
les chamois prennent un pelage plus foncé, leur com-
patriote, le lièvre, devient tout blanc. Cette transformation présente plusieurs phénomènes intéressants. Elle n'a pas lieu à une époque déterminée,
mais elle dépend de la température, de sorte qu'elle
est plus rapide quand l'hiver est précoce ou le printemps hâtif; elle marche de pair avec celle de l'hermine et du lagopède, qui suivent les mêmes lois. La
coloration nouvelle qui s'établit en automne dépend
sans doute de la mue d'hiver, en ce sens que les
poils gris tombent et sont remplacés par de nouveaux poils blancs. Au printemps, les choses ne se
passent point ainsi, et la transformation de couleur
s'opère dans le même poil; les longs poils de la tête,
du cou et du dos, deviennent bruns à partir de leur
origine, et le duvet fin et moelleux tourne au gris.
Pourtant il n'est pas certain qu'il ne s'opère en même

2

temps une mue partielle. Dans son pelage d'été, le lièvre des Alpes se distingue du lièvre ordinaire en ce qu'il est d'un gris olivâtre mêlé de noir, tandis que l'autre est plutôt brun roux, avec moins de noir. Chez le premier, le ventre reste blanc, ainsi qu'une partie de l'oreille; chez le second, le dessous du corps est blanc et jaunâtre. » Toujours d'après Tschudi, le lièvre changeant serait plus facile à apprivoiser que le lièvre commun, il serait plus tranquille, plus familier, mais très-difficile à engraisser, quel que soit le régime auquel on le soumet, et enfin incapable de supporter longtemps la captivité, où son pelage continue à se modifier deux fois par an. Sa peau est presque sans valeur, mais sa chair est très-estimée.

Suivant Darwin, il offre dans son costume d'hiver une nuance de coloration sur le nez, a la face supérieure de la queue d'un gris noirâtre et la plante des pieds brune.

Le lièvre changeant ou variable habite les régions septentrionales et la chaîne des Alpes et des Pyrénées; on le rencontre communément dans le nord de la Russie, en Savoie, en Suisse, dans le Tyrol et la Styrie, dans les Alpes françaises et sur les sommets les plus élevés des Pyrénées. On le rencontre aussi dans l'Amérique septentrionale et le nord même des États-Unis.

Le *lièvre glacial* ou des glaces (*Lepus Glacialis*), habitant des régions polaires, plus petit que le lièvre changeant, reste blanc toute l'année, n'a pas le bout de l'oreille noir, et ne revêt pas le pelage gris en été. La plupart des naturalistes en font une espèce distincte. Suivant Darwin, la plante des pieds et l'extrémité des oreilles resteraient brunes en toute saison. Le *Lepus Thibetanus* ou *lièvre du Thibet*, habitant les montagnes les plus hautes de l'Himalaya, paraît être une espèce très-voisine, sinon identique.

Le *lièvre d'Irlande* (*Lepus Hibernicus*), bien qu'habitant un climat très-rigoureux et où la neige est abondante en hiver, ne devient jamais blanc et est considéré comme une espèce à part.

Le *lièvre de la Méditerranée* (*Lepus Mediterraneus*) est considéré par quelques-uns comme une espèce distincte, par les autres comme une simple variété du lièvre ordinaire ; il habite les contrées que baigne cette mer, c'est-à-dire le sud de la France, l'est de l'Espagne, le nord de l'Afrique, l'Italie, la Grèce, et les iles de Corse, Sardaigne, Sicile, Candie, Baléares, Malte, Ioniennes, etc. Il est plus petit et d'un pelage plus roux que notre lièvre ordinaire, auquel il ressemble complétement par ailleurs. Il paraît former le passage du lièvre commun à celui d'Afrique.

Le *lièvre d'Égypte* ou d'Éthiopie (*Lepus Ægyptiacus* ou *Æthiopicus*), ou lièvre du désert, se distingue par sa petite taille et par des oreilles bien plus longues que celles du lièvre commun. La couleur de son pelage se rapproche beaucoup de celle du sable ; il est presque entièrement fauve en dessus, avec quelques petites taches plus foncées, principalement à la tête ; le dessous du corps est blanchâtre ; le

dessus de la queue noir ; les oreilles brun roux avec
la pointe noire ; une tache fauve clair court de l'oreille
au bout du nez. On ne le trouve, d'après Brehm, que
dans le désert proprement dit et ses limites immé-
diates, sur les côtes orientales de l'Afrique. Il l'a,
dit-il, toujours trouvé sot et niais ; cependant les
preuves qu'il en veut offrir ne nous semblent point
conduire à cette conclusion. Sa confiance dans
l'homme, le peu d'empressement qu'il met à fuir à
son aspect, dans un pays à peu près nu et où la loi
religieuse défend l'usage de sa chair, où il a à
redouter l'aigle dès qu'il quitte l'abri des buissons ;
sa fuite rapide, échevelée, par contre, dès qu'il
voit un chien, un renard, un chacal ou un loup sur
sa piste, ne sont pas pour nous une preuve suffisante de stupidité.

Le *lièvre Tolaï*, lièvre d'Asie, ou simplement
Tolaï (*Lepus Asiaticus* ou *Lepus Tolaï*), semble
marquer le passage entre l'espèce du lièvre et celle
du lapin. Il habite l'Asie tempérée, le Turkestan,
le pays des Kirghiz et le nord de l'empire chinois.
Il porte un pelage gris, mêlé de brun fauve, avec
le ventre blanc ; le cou d'un blanc jaunâtre en
dessus, jaune en dessous et de même des pattes ;
les oreilles sont bordées de noir à leur extrémité ;
il ne prend pas le pelage blanc en hiver, mais son
poil montre des teintes plus pâles pourtant, surtout
aux oreilles, aux cuisses et aux fesses.

Le *lièvre du Brésil* ou Tapeti (*Lepus Brasilien-
sis*) est encore une forme transitoire du lièvre au
lapin. Il a le pelage varié de roux et de noir sur le

dos, d'un roux franc sur le cou, d'un roux brunâtre sur la tête et les oreilles, d'un fauve noirâtre sur les joues et autour de l'œil, roux sur la poitrine, d'un blanc jaunâtre sous la tête, le cou et le ventre. Son nom dit sa patrie d'origine et son habitat.

Enfin on connaît une douzaine d'espèces de lièvres en Asie, huit en Afrique et six ou sept en Amérique[1]. Quant à ce qu'on a nommé pendant quelque temps le *Lepus Nigripes*, ce ne serait autre chose, selon Darwin, que la race des lapins dite Himalayenne; pour le *Lepus Magellanicus*, ce seraient des lapins redevenus sauvages et ayant, pour la plupart, pris le pelage du lièvre, dans les îles Falckland (Malouines).

Il serait difficile de dire si toutes ces *espèces*, la plupart peu étudiées, méritent véritablement ce nom. « On a souvent nié, dit Tschudi, auquel nous avons déjà fait de longs emprunts, la possibilité de croisements entre le lièvre ordinaire (*Lepus Timi-*

---

[1] Nous devons à l'obligeance de M. A. Geoffroy-Saint-Hilaire la nomenclature suivante des espèces américaines :
Lepus Glacialis, Amérique du Nord ; *Lepus Americanus*, du Labrador ; *Lepus Washingtoni*, Washington ; *Lepus Campestris*, prairies basses du Missouri supérieur ; *Lepus Callotis*, Mexique septentrional ; *Lepus Californicus*, Lower Colorado ; *Lepus Sylvaticus*, Massachussets ; *Lepus artemesiæ*, ouest du Missouri ; *Lepus Bachmani*, Rio Grande, Texas inférieur ; *Lepus Auduboni*, entre San Diego et San Francisco ; *Lepus Trowbridgii*, Californie ; *Lepus Aquaticus*, Mississipi inférieur ; *Lepus Palustris*, côtes basses du sud de la Caroline et de la Floride.

Les *Lepus Variabilis* et *Sylvaticus* ont été importés au Jardin d'acclimatation du bois de Boulogne, dans ces deux dernières années, par M. le comte de Montebello.

2.

dus) et celui des Alpes (*Lepus Variabilis*) et l'existence d'hybrides de ces deux espèces. Des observations prouvent, chaque année, la réalité du fait.
Dans le Sernfthal, où les lièvres blancs descendent
plus bas que partout ailleurs, on a tiré, en janvier,
un lièvre qui était roux de la tête aux pattes de
devant, et blanc sur le reste du corps; à Ammon,
au-dessus du lac de Wallenstadt, une hase mit bas
quatre petits, dont deux avaient l'avant-corps et
deux autres l'arrière-train blancs et le reste du
corps gris brun. Dans l'Emmenthal, un chasseur
tua, au milieu de l'hiver, un lièvre qui avait le
front, les pattes de devant et le cou blancs. Dans les
montagnes de l'Appenzell, on trouve des lièvres
blancs, couverts de taches brunes, et l'on peut se
procurer chaque année dans les Grisons des exem-
plaires qui ont le blanc marqué de taches irrégulièrement disposées, mais toujours bien limitées.
On ne sait pas si ces hybrides sont féconds. » Le
fait nous paraît fort probable, depuis qu'on a été
obligé d'admettre les hybrides de lièvre et de lapin.
Les Jardins zoologique et d'acclimatation pourraient aisément se charger de résoudre cette question et bien d'autres encore si, moins exclusifs dans
leurs vues d'acclimatation et de domestication, ils
cherchaient plus souvent à résoudre des problèmes
scientifiques.

Les poils du lièvre ordinaire sont, les uns uni-
colores, blancs, roux, fauves ou noirs; les autres
tricolores ou annelés de blanc à la racine, de brun
plus ou moins noirâtre dans le milieu et de roux

fauve vers la pointe. Ces poils présentent une disposition un peu particulière et dont nous avons pu
faire une assez longue étude microscopique pour les
comparer, comme le duvet, à ceux des lapins
d'abord et des léporides ensuite.

Les poils du lièvre sont extérieurement revêtus
d'un épidermicule lisse et relativement assez épais ;
la substance corticale ou fibreuse est au contraire
extrêmement mince. L'espace médullaire ou la substance médullaire, comme on l'appelle improprement, renferme un nombre variable, suivant le
diamètre du poil, de rangées longitudinales de
cellules, ordinairement parallèles, mais qui pourtant, parfois, s'anastomosent deux à deux. Ces cellules, empilées les unes au-dessus des autres, ont
une forme ovoïde, aplatie transversalement, et serrées les unes contre les autres dans le sens de la
longueur du poil; les rangées parallèles laissent
aussi peu d'intervalle entre elles. Le diamètre des
cellules et le nombre de leurs rangées diminuent
successivement, tant vers la racine que vers la
pointe. Le duvet, de couleur grise, offre extérieurement un épidermicule présentant des lamelles
écailleuses très-rapprochées et très-saillantes, ce
qui explique l'aptitude au feutrage; l'espace médullaire est occupé par une seule rangée de cellules
ayant une forme rectangulaire, plus ou moins allongée dans le sens longitudinal, de diamètre variable et en rapport avec celui du brin, séparées enfin
les unes des autres par un intervalle variable; ces
cellules sont plus larges et plus carrées dans le

milieu de la tige, plus petites, plus allongées et plus distantes vers la racine et vers la pointe. Nous dirons, dans les chapitres suivants, quelles différences de structure ces poils et duvels nous ont paru présenter dans les lapins sauvages et domestiques, et dans les léporides.

Ajoutons que, d'après le savant chimiste M. Chevreul, le mode d'implantation des poils sur la peau n'est pas le même dans le lièvre que dans le lapin : dans le premier, ils sont disposés en lignes longitudinales, très-serrées, mais à peu près régulièrement parallèles; dans le second, au contraire, en lignes courbes, concentriques, accidentées ou plutôt irrégulières. Cette étude est rendue facile lorsque, ayant rasé les peaux, on les fait macérer pendant quelques heures dans une lessive alcaline; une loupe assez forte permet facilement alors d'observer ces dispositions comparatives.

La peau du lièvre est un article de commerce très-important; on l'emploie, soit comme fourrure commune, soit pour fournir à la chapellerie un feutre très-estimé. Les fourreurs recherchent particulièrement les peaux à ventre blanc, avec les flancs d'un roux clair, les poils du dos tricolores (blancs à la racine, noirs au milieu, roux à la pointe) de l'espèce commune. La Suède, la Norvége, la Laponie, la Sibérie, le Canada, la baie d'Hudson, le nord de la Russie, les Alpes suisses et les Pyrénées françaises, fournissent en quantités variables des peaux de lièvres blancs, précieuses pour imiter les fourrures d'autres animaux plus

rares et d'un prix plus élevé. Les lièvres noirs, de
Russie, sont à la fois très-rares et très-estimés des
fourreurs. L'espèce commune est surtout employée
en chapellerie à la fabrication des chapeaux de soie
de qualité supérieure. Le prix des peaux blanches
et noires varie de 1 franc à 1 fr. 50 chacune ; celui
des peaux indigènes, de 0 fr. 50 à 0 fr. 80 seulement.

D'après M. Othon, de Clermont-Ferrand, la Russie, la Suède, la Norvége et l'Allemagne fourniraient en moyenne, annuellement, cinq millions de
peaux de lièvre ensemble, dont quatre millions sont
coupées en Allemagne et un million seulement en
France et en Belgique. La France et l'Angleterre
produiraient chacune environ deux millions de
peaux de lièvre commun, fournissant 80,000 kilogrammes de poil ; l'Espagne, le Portugal, la Belgique et la Hollande n'en livreraient que de très-
petites quantités. L'industrie des coupeurs de poils,
en France, fournirait par an environ 300,000 kilogr.
de poils bruts ; sur cette quantité, 60,000 kilogr. ou
20 pour 100 proviennent des chasses françaises,
une quantité égale serait importée de Russie, et
180,000 kilogr. ou 60 pour 100 de l'Allemagne par
la Saxe. Ces poils, emballés en caisses de 100 kilogr.
se vendent à raison de 20 à 25 francs le kilogramme.
D'après le *Dictionnaire général des Sciences*, la
Sibérie, le Kamschatka, l'Amérique Russe et le nord
de la Chine exporteraient ensemble deux millions
de peaux de lièvre par an.

Un lièvre sauvage, mort, vaut, selon sa taille et

son poids, dans la saison des chasses, de 3 à 9 fr.;
un couple de bouquin et hase, vivants et adultes,
se vend facilement, depuis quelques années, de
20 à 35 francs. On voit qu'il peut y avoir là matière
à une petite industrie fort lucrative.

Les Romains connaissaient et notre lièvre commun ou sa variété méditerranéenne, et le lièvre
variable. « Les lièvres, dit Pline, forment plusieurs
espèces. Ils sont blancs dans les Alpes; on prétend
qu'ils s'y nourrissent de neige pendant les mois de
l'hiver. Tous les ans, à la fonte des neiges, ils
prennent une couleur fauve. C'est d'ailleurs un animal qui vit dans les climats les plus rigoureux. »
Les Grecs l'avaient connu aussi et l'estimaient comme
gibier. La religion druidique paraît avoir défendu
l'usage de sa chair; du moins César, parlant de sa
seconde expédition en Grande-Bretagne, nous dit
que les Bretons se font scrupule de manger du
lièvre, de la poule ou de l'oie. La loi de Moïse et
plus tard celle de Mahomet portent contre notre
quadrupède la même exclusion, et qualifient le
lièvre d'animal impur, sans doute à cause de sa
viande noire. Il faut croire que les habitants (Espagnols) des îles Baléares partageaient le même préjugé,
car, désolés par la multiplication des lapins, ils
demandaient à Rome qu'on leur envoyât des soldats
qui ne se fissent point scrupule de détruire cet animal. Les Grecs, Aristote du moins, appelaient in-
différemment le lièvre *lagôs* ou *dasypous*, ce dernier
mot signifiant animal à pieds velus. Pline a commis
l'erreur, en traduisant, de prendre le lagos et le

dasypode pour deux animaux distincts, tandis qu'ils n'en font qu'un seul. Les comparant l'un à l'autre, il dit : « Le lièvre, la proie de tous les animaux, est le seul, avec le dasypode, en qui la superfétation ait lieu. En même temps que la mère allaite un petit, elle en porte un autre prêt à naître, un autre qui n'a pas encore de poil, et un autre encore qui commence à se former. » Nous savons maintenant que Pline amplifiait singulièrement. Camus, Bochart et Klein identifient donc le lièvre et le dasypode. Buffon a pensé que ce dernier était le lapin, ce qui serait faux si les Grecs n'ont pas connu ce dernier. Brotier dit que c'était le lièvre variable; ce serait donc encore un lièvre. Quant à l'opinion de Poinsinet, qui dans le dasypode croit voir le cobaye ou cochon d'Inde, elle est facile à réfuter, le cobaye étant originaire du Brésil, et conséquemment inconnu d'Aristote et des Grecs anciens.

Fig. 7. Lapins sauvages.

CHAPITRE II.

LE LAPIN SAUVAGE.

§ 1er. — CARACTÈRES ZOOLOGIQUES.

Les zoologistes ne distinguent les genres Lièvre et Lapin que par quelques caractères extérieurs peu frappants et d'une minime importance, et par les différences de leurs mœurs, qui parfois cependant se modifient et se rapprochent sensiblement. « Le lapin commun, disent-ils, est un peu moins grand que le lièvre ; mais ce qui le distingue surtout, ce sont les oreilles plus longues que la tête, et sa queue moins longue que sa cuisse. » Nous ferons remarquer qu'un grand nombre de races de lapins domestiques sont au moins aussi grandes que le lièvre ; que plusieurs ont les oreilles plus longues que la tête et la queue, aussi longues que la cuisse. Brehm ajoute que le lapin a les membres postérieurs moins développés, l'arrière-train moins large, le pelage plus égal ; le premier de ces caractères seul est constant, les deux autres ne sont vrais que chez le lapin sauvage. Nous ajouterons, nous, pour notre compte, que la clavicule est relativement plus développée que dans le lièvre, le lapin étant fouisseur, et que les ongles des membres antérieurs sont un peu plus courts, mais aussi plus forts.

Ils ajoutent que les mœurs sont bien différentes dans les deux genres : tandis que la hase met bas à découvert, la lapine prépare à ses petits un nid souterrain ; tandis que le lièvre vit constamment à la surface du sol, le lapin se creuse des terriers dans lesquels il habite et se tient à l'abri de la plupart de ses ennemis. Mais nous savons maintenant qu'il y a des espèces de lièvres qui se logent dans des terriers qu'ils se creusent ou qu'ils trouvent inhabités, et qu'ils agrandissent ; que dans d'autres pays, au contraire, les lapins perdent l'habitude de se terrer et vivent à l'aide d'autres abris qu'ils ont su se trouver ; tel est le cas, d'après M. Brongniart, en Sologne, dans les bois de pins ; d'après M. Bourgeois, à Rambouillet, dans les terres argileuses.

Ce qui nous paraît le plus sûrement distinguer nos deux genres au point de vue zoologique, c'est

3

que les levrauts viennent au monde les yeux ouverts, le corps recouvert de poils, aptes à courir de
suite; au lieu que les lapereaux naissent les yeux
fermés, le corps à peine couvert d'un duvet fin,
court et rare, presque nus, et ne quittent le nid
duveteux que leur a préparé la mère, que lorsqu'ils
ont atteint l'âge de douze à quinze jours. Ce qui explique cette différence et en établit une autre non
moins fondamentale, c'est la presque certitude maintenant, grâce aux observations de MM. Eug. Gayot
et de Beaufort, que la gestation de la hase est de quarante à quarante-deux jours, tandis que celle de la
lapine n'est que de trente à trente et un jours. Or,
si l'on sait que la domestication peut faire varier la
durée de la gestation dans des limites restreintes, on
n'a aucun exemple d'une abréviation d'un quart dans
les cas normaux. Lièvres et lapins appartiennent
donc zoologiquement à deux genres différents.

§ 2. — LE LAPIN SAUVAGE. — MŒURS.

Le *lapin sauvage,* lapin de garenne ou conil
(*Lepus Cuniculus*), a, dit Brehm, 0ᵐ44 de longueur,
sur lesquels 0ᵐ08 appartiennent à la queue. Celle-ci
est noire à sa face supérieure, blanche à sa face inférieure; le reste de son pelage est gris, passant en
arrière au brun jaune, en avant au roux jaune, sur
les flancs et sur les pattes au roux clair; le ventre,
la gorge, la face interne des jambes sont blancs. La
partie antérieure du cou est roux-jaune-gris, la par-

tie supérieure est roux de rouille. Ajoutons que
toutes ces nuances peuvent varier, suivant le climat
et la nature physique du sol de la contrée, du clair
au foncé ; le lapin des garrigues, dans le midi de
la France, est d'un gris noirâtre ; celui du nord et de
l'est est au contraire de pelage plus clair.

C'est surtout dans les contrées saines, sur les col-

Fig. 8. Lapin de garenne.

lines siliceuses et calcaires, dans les bois taillis, dans
les jeunes forêts d'arbres verts, dans les ravins, sur
les petites éminences buissonneuses, dans les talus
des fossés, qu'habite notre lapin sauvage ; c'est là
qu'il creuse son terrier et se multiplie en raison directe de la fécondité du canton et de la tranquillité
qu'on lui accorde. C'est donc un animal domicilié
et sédentaire. Il choisit d'ordinaire une pente expo-
sée au midi, en terrain friable, et s'y établit. Chaque

terrier consiste en un donjon assez profond et en un
véritable labyrinthe d'avenues, de couloirs anguleux,
de corridors qui se croisent, s'ouvrent les uns dans
les autres, forment des carrefours ou se terminent
en culs-de-sac. Plus larges à l'entrée, ces passages
se rétrécissent successivement jusqu'au fond et deviennent si étroits que souvent l'animal n'y peut
cheminer qu'en rampant. Ces terriers sont généralement voisins les uns des autres, mais chaque couple
habite le sien sans y souffrir d'étrangers; assez souvent pourtant les couloirs de plusieurs terriers s'en-
trelacent et se communiquent. Pour peu que les lapins soient nombreux, tout le sous-sol d'une contrée
de colline ou d'une garenne est percé d'un réseau de
galeries qui, unies les unes au bout des autres, ne
mesureraient pas moins de plusieurs kilomètres.
C'est là l'habitation ordinaire, c'est là que les lapins
restent cachés presque tout le jour, à moins que le
terrain voisin ne soit couvert de buissons assez épais
pour qu'ils puissent y pâturer, y jouer, s'y promener
sans grands dangers, certains de pouvoir se dissimuler, fuir à leur abri et rentrer chez eux. Une heure
environ avant la nuit, quand la lune ne doit pas luire,
à son lever quand elle apparaît, le lapin quitte son
gîte pour aller faire son repas, rentré toujours avant
le lever de l'aurore ou le coucher de l'astre des
nuits. Mais au départ comme à la rentrée, il n'est
sorte de ruses qu'il n'emploie pour dissimuler sa
piste, grands bonds, sauts de côté, tours et détours,
il met tout en œuvre, souvent, hélas! inutilement.
Pendant que la bande pâture, il y a des sentinelles,

des veilleurs, qui, placés sur une petite éminence,
sont chargés de veiller au salut commun, d'écouter,
de flairer attentivement, de frapper en cas de danger
le signal d'alarme, à la suite duquel toute la troupe
regagne sa demeure haut le pied. Pour cela, le fac-
tionnaire rejetant tout le poids de son corps sur les
membres antérieurs, frappe le sol par une violente
détente de ceux de derrière.

Lorsque la lapine pleine sent approcher l'heure
de la délivrance, elle s'éloigne en secret, quitte
l'habitation commune, et s'en va, souvent à une distance relativement grande, dans un terrain meuble
et parfois dans un champ en jachère, se creuser un
terrier composé d'un vestibule en pente, plus ou
moins long, conduisant à une chambre arrondie,
spacieuse, où elle mettra bas ses petits, afin de les
soustraire à la férocité de leur père ; le mâle, en
effet, non pas par voracité, mais par ardeur lubri-
que, tue souvent les enfants pour reprendre posses-
sion de la mère.

Mâle et femelle sont aptes à se reproduire dès
l'âge de cinq à six mois, et ne tardent pas à s'accoupler. Époux et femme, s'ils ne trouvent point de
terrier vacant, en creusent un de concert et s'y logent. Mais les suites ordinaires du mariage se produisent, le part approche. Nous venons de dire comment et pourquoi la lapine quitte momentanément
le domicile conjugal ; elle tapisse d'un peu d'herbe
sèche le plancher de sa chambre, et garnit en outre
ce nid grossier d'un lit abondant de duvet, qu'avec
les dents elle s'arrache sous le ventre. Le moment

venu, elle dispose ses petits sur ce mol et chaud
édredon ; c'est souvent l'affaire de dix à douze heures;
elle leur donne à teter après les avoir successivement léchés afin de les sécher, puis relève le duvet
tout autour pour les en recouvrir. Durant dix-huit
à vingt-quatre heures elle reste avec eux, pour-
voyant à leurs besoins, les réchauffant par sa présence, puis la faim la force à sortir ; elle ne le fait
pas sans de grandes précautions ; elle bouche l'entrée de son nid en y poussant une grande partie de
la terre provenant du déblai, puis elle la tasse avec
ses pieds et se roule même dessus. Ceci fait, elle se
hâte d'aller au gagnage, pâture à la hâte, et revient
allaiter encore la jeune famille.

Tant que les petits ont les paupières closes, c'est-
à-dire jusqu'au neuvième ou dixième jour, le nid,
ou, comme disent les chasseurs, le fouare, reste complétement fermé ; à partir de ce moment, la mère y
ménage une petite ouverture qu'elle agrandit à mesure qu'ils deviennent plus forts. Pendant tout le
temps de l'allaitement, elle ne rentre au fouare que
le matin et n'en sort que le soir. Une fois que les
petits sortent du nid, c'est-à-dire du quinzième au
vingt-cinquième jour, le père semble les aimer autant que la mère, les prend entre ses pattes, leur
lèche les yeux, leur lustre le poil, les instruit avec
leur mère à chercher leur nourriture, et partage
également entre tous ses soins et ses caresses.

Les lapereaux, dès qu'ils sont sevrés, c'est-à-dire
à l'âge de trente à quarante jours, sont emmenés
par la mère au terrier commun, qu'ils partageront

jusqu'à ce qu'ils se marient à leur tour. Ces épou-
sailles ont généralement lieu entre frères et sœurs
de la même portée, dès qu'ils ont de cinq à sept
mois, selon l'époque de leur naissance; en d'autres
termes, le mode de reproduction du lapin sauvage
se fait, depuis l'éternité et d'une manière à peu près
constante, par la consanguinité la plus rapprochée,
presque toujours sans luttes ni combats, sans riva-
lité entre les mâles comme dans l'espèce lièvre;
mais la sélection naturelle s'opère par d'autres
moyens; faibles et nombreux à leur naissance, la
mortalité est grande parmi les lapereaux; les forts,
les agiles seuls résistent à cette vie d'alarmes, de
poursuites, de dangers continuels, contre lesquels
ils n'ont que si peu de moyens de défense.

La lapine sauvage, bien que son utérus offre la
même conformation que celui de la hase, présente
plus rarement des cas de gestations simultanées ou
de superfétation; soit que la fécondation ait lieu en
même temps dans les deux cornes, l'accouplement
étant plus répété, et aussi moins troublé dans le terrier, soit qu'elle ait lieu alternativement de chaque
côté, le nombre des petits étant plus considérable.
Elle met bas, en effet, à chaque portée, de quatre à
dix lapereaux, et fait de six à dix portées par an,
en moyenne six lapereaux et sept portées, ou par an
quarante-deux lapereaux, d'après les naturalistes.

Le rut du mâle, la chaleur de la femelle commencent, selon le climat et la saison, en février ou
mars; supposons février : la gestation étant de trente
jours environ, la première portée apparaîtra au

15 mars; ajoutons trente-cinq jours pour la période d'allaitement et d'élevage, et nous aurons un total de soixante-cinq jours; il en résulte que la saison de la reproduction étant du 15 février au 15 octobre, c'est-à-dire huit mois ou deux cent quarante jours, il n'y a place que pour quatre gestations et élevages à peine. Nous savons pourtant que la lapine se livre souvent au mâle peu de temps après la mise bas, porte et allaite souvent en même temps; mais cette double situation, cette dépense simultanée de forces n'est pas sans porter préjudice à l'existence et à la réussite des nouveau-nés, et on y trouve la raison de la mortalité qui en frappe une partie, le lait faisant souvent défaut. Sur six lapereaux d'une portée moyenne, trois ou quatre seulement viennent à bien, de ce fait et par une foule d'autres causes.

Néanmoins, peu d'espèces paraissent douées d'une fécondité aussi étendue et qu'on a souvent encore surfaite. M. de Wotten, à la fin du siècle dernier, affirmait à Buffon, qui ne paraît pas y avoir ajouté foi, que d'une seule paire de lapins qu'il avait mise dans une île, il s'en trouva six mille au bout d'un an. M. de Laage de Chaillou, calculant sur le papier, n'arrivait, pour le cas précité, qu'aux résultats suivants : en supposant deux lapins qui seraient, eux et leur progéniture, à l'abri de toute cause de destruction; en admettant que ces lapins produisent régulièrement tous les mois une portée de quatre petits, que le nombre des femelles soit à celui des mâles comme deux est à un, qu'ils engendrent tous au commencement du quatrième mois de leur existence, toutes conditions favorables jusqu'à l'utopie, on n'arrive au bout d'une année qu'à une population totale de dix-huit cent quarante-huit lapins, ce qui est déjà, ajoute-t-il, une assez jolie postérité.

Pennant a calculé la progéniture d'une paire de lapins, lui aussi, et a trouvé qu'en admettant qu'une femelle fasse sept portées par an, de huit lapereaux chacune, cette progéniture atteindra, en quatre ans, le chiffre énorme de 1,274,840 individus. Tout cela, bien entendu, sans tenir compte des avortements, des non-gestations, de la mortalité des petits par le fait du froid, des pluies, des renards, belettes, oiseaux de proie, et surtout des chasseurs et des braconniers.

M. de Norguet, en admettant six portées par an, de cinq petits chacune, soit trente produits ou quinze couples, qui se reproduirait dès l'âge de cinq mois, n'arrive qu'à un total de cinquante-sept produits au bout d'une année, ce qui est à coup sûr autant au-dessous de la vérité que les calculs précédents se trouvent au-dessus. Enfin, M. Ad. Focillon, admettant que les femelles sont fécondes dès l'âge de cinq à six mois, font sept portées dans l'année, en gestant un mois et allaitant six semaines, que chacune des portées soit en moyenne de six petits, trouve d'un seul couple, au bout d'une année, environ cent cinquante animaux, parents, enfants et petits-enfants. Nous croyons que ceci se rapproche beaucoup de la vérité.

Le lapin sauvage peut-il être domestiqué? Il s'apprivoise aisément, tout le monde le sait, et devient

3.

promptement familier; nous nous rappelons en avoir
vu un, Coco, c'est le nom de baptême ordinaire, en
1860, qui avait été élevé par madame Chevalier,
directrice de la poste aux lettres de Bonneval (Eure-
et-Loir), et qui, fier du grelot qu'il portait au cou,
parcourait toute la maison, arrivant à l'appel de sa
maîtresse, sautant sur ses genoux, mangeant dans
sa main, et la léchant comme l'eût pu faire un chien.
Il aura eu sans doute, hélas! la commune destinée
de ses pareils, tôt ou tard étranglé par un chien ou
un chat, ou entre deux portes. Il n'est personne qui
n'ait connu quelque Coco. Mais autant Coco se fami-
liarise vite lorsqu'on lui laisse une demi-liberté, autant ses instincts d'indépendance se prononcent lorsqu'on le met en cage; il fait alors de prodigieux
bonds le long des parois, saute jusqu'au plafond, et
souvent s'y brise le crâne; toujours à l'affût d'une
occasion favorable, il ne mange que le strict nécessaire, scrute tous les coins et recoins, espérant ren-
contrer un endroit faible qu'il puisse entamer des
griffes ou de la dent, guettant le moment où la porte
entr'ouverte lui permettra de rejoindre ses pareils.
Au milieu de cette vie inquiète, il profite peu, et
n'arrive que difficilement à son état normal.

Un couple de lapins sauvages, mâle et femelle,
pris jeunes dans le nid, lorsqu'on leur donne un logement spacieux, haut et large, pavé en dessous
pour plus de sécurité, mais avec un tas de terre
dans le fond et quelques fagots pour abris, ne de-
mande pas mieux que de se reproduire; leurs enfants deviennent moins sauvages, leurs petits-enfants

font des portées plus nombreuses, leurs arrière-pe-
tits-enfants sont déjà presque domestiqués, et ont
gagné en taille et en poids ; il est vrai que leur chair
a perdu de son fumet.

Nous avons dit que le lapin est monogame ; il n'en
faudrait point conclure de là à une fidélité florianes-
que du mâle ; il donne, au contraire, autant qu'il
le peut de coups de canif dans le contrat ; devenu
veuf de par un collet, un plomb ou un furet, il ne
tarde pas à se remarier, et ne craint point de choisir
son épouse parmi ses plus proches parents. Le lapin
est un animal sociable, c'est-à-dire vivant en société ;
il s'écarte peu des environs de son terrier, les petits
s'établissent auprès de leurs parents, de sorte que la
colonie s'accroît sans cesse tant que les chasseurs
n'y mettent point ordre. Mais comme le lapin ne vit
pas seulement de serpolet et très-peu de thym,
plantes qui d'ailleurs sont spéciales aux terrains calcaires, les récoltes, s'il y en a, à trois ou quatre
cents mètres du rayon qu'il habite, doivent fournir
à sa nourriture. S'il se contentait de prendre ses
repas sans gaspillage, le mal serait petit encore,
bien qu'il préfère les céréales en vert et mange notre
récolte en herbe ; mais sa sécurité exige qu'il trace
dans les prés ou les champs des passages, des coulées parfaitement tondus, multipliés, qui causent la
verse des blés ou des foins, les emmèlent, et ren-
dent la moisson ou la fauchaison coûteuse et le ren-
dement minime. En automne, il s'adressera aux carottes et aux betteraves ; en hiver, aux choux et aux
colzas, rongeant de ceux-ci le collet, de ceux-là le

cœur, faisant souvent périr la plante à laquelle il
s'attaque. Demandez à M. Moll, ancien directeur
des cultures de Vaujours, près de Bondy (Seine), à
M. Ménard, fermier à Huppemeau (Loir-et-Cher), et
à tant d'autres cultivateurs, quel peut être le prix
de revient réel d'un kilogramme de viande de lapin
sauvage. Ils vous répondront sans doute qu'il a coûté
à la société, pour le produire, plus qu'un mouton de
cinquante kilogrammes.

Et les ravages de cette féconde espèce ne datent
pas d'hier, puisque, d'après Strabon, au commencement de l'ère chrétienne, la Bétique, province
espagnole, était à ce point couverte de lapins, que
ses habitants couraient un sérieux danger d'être af-
famés par eux. Pline, de son côté, rapporte, avec
amplification sans doute, qu'ils multiplièrent tellement leurs terriers sous les remparts de Tarragone,
qu'ils les renversèrent; et que dans les îles Gymné-
ries ou Baléares, les lapins ayant causé plusieurs
famines en dévorant les céréales, les habitants de
Palma (île Majorque) demandèrent à l'empereur
Auguste de leur envoyer des soldats pour détruire
leurs ennemis.

Ce n'est pas que les moyens de destruction man-
quent contre le lapin : on le chasse à l'affût et au
fusil, souvent en se servant d'un appeau ; on le
prend au collet, c'est-à-dire à l'aide de fils de fer à
nœud coulant placés dans ses coulées habituelles et
dans lesquels il s'étrangle ; on le chasse de ses terriers à l'aide du furet, et on le prend vivant dans
des bourses en filet, ou on le tire au fusil au mo-

ment où il débouche ; on le chasse en battue dans les jeunes bois de sapins bien divisés par des allées et préalablement entourés de filets ; enfin, on le chasse au fusil avec un chien basset à jambes torses.

Mais d'abord les bois appartiennent en général à de grands propriétaires non cultivateurs, jaloux de leur chasse, interdisant la destruction du gibier à leurs fermiers, faisant enfin nourrir par leurs voisins le gibier qu'ils auront le plaisir de tuer. Puis la législation est loin d'être encore bien établie sur les obligations du propriétaire de bois à l'égard du gibier qu'ils recèlent, sur le droit de destruction des animaux nuisibles pour le riverain. Cela est si vrai, qu'à la suite de longs procès, M. Moll, à Vaujours, a été contraint de renoncer à certaines cultures ; que M. Ménard, à Huppemeau, a dû convertir la plus grande partie de ses champs en pâturages, que nombre de petits propriétaires riverains des forêts, trop pauvres pour plaider, instruits d'ailleurs par l'expérience des autres, cultivent pour les chasseurs et souffrent sans pouvoir se plaindre, exactement comme au bon temps de la féodalité. Ne serait-il point juste pourtant que ceux qui veulent tuer le gibier le nourrissent à leurs frais et non aux dépens de la société entière ? Le moyen serait aussi simple que facile.

§ 3. — GARENNES FERMÉES OU FORCÉES.

Déclarer que le lapin est un animal nuisible, dont la destruction est permise en tout temps, par tous moyens et par tout le monde. Ceux qui voudront chasser et manger le lapin sauvage encloront leurs bois ou une partie de leurs bois de clôtures infranchissables, et l'y multiplieront à leurs souhaits, c'est-à-dire qu'ils établiront des *garennes*. Mais il y a garenne et garenne; aujourd'hui, nos bois et forêts contiennent nombre de garennes ouvertes ou libres; ce sont celles-là que nous voulons remplacer par des garennes closes ou forcées.

Dans un bois taillis de contenance variable, en terrain silico-argileux, sain, suffisamment calcaire, un peu caillouteux, et traversé par un ruisseau d'eau claire et de bonne qualité, on tracera une enceinte entourée de murs de deux mètres de hauteur, avec fondations d'un mètre de profondeur. Le taillis sera coupé d'allées droites, larges de 1^{m}50; rayonnant de l'éminence où seront situés les terriers vers la circonférence. On y pratiquera en nombre et en étendue proportionnels des clairières destinées à la culture des fourrages, des racines, des céréales même, nécessaires à la subsistance de la population qu'on veut entretenir. Une petite maison de garde sera construite dans l'un des coins les plus éloignés des terriers, auprès de la porte d'entrée, afin de protéger le gibier contre les bêtes puantes, les oiseaux de proie et les voleurs. Chaque année, des chasses au fusil, au furet, en battue, permettront de ramener la population à son chiffre normal, ce qui sera facile, si l'on a ouvert des allées concentriques et d'autres circulaires. Pour l'hiver, en vue des temps de gelée, de neige ou de pluie, sur un petit monticule, en un endroit exposé au sud ou au levant, on devra construire un hangar rustique, bas de toi-

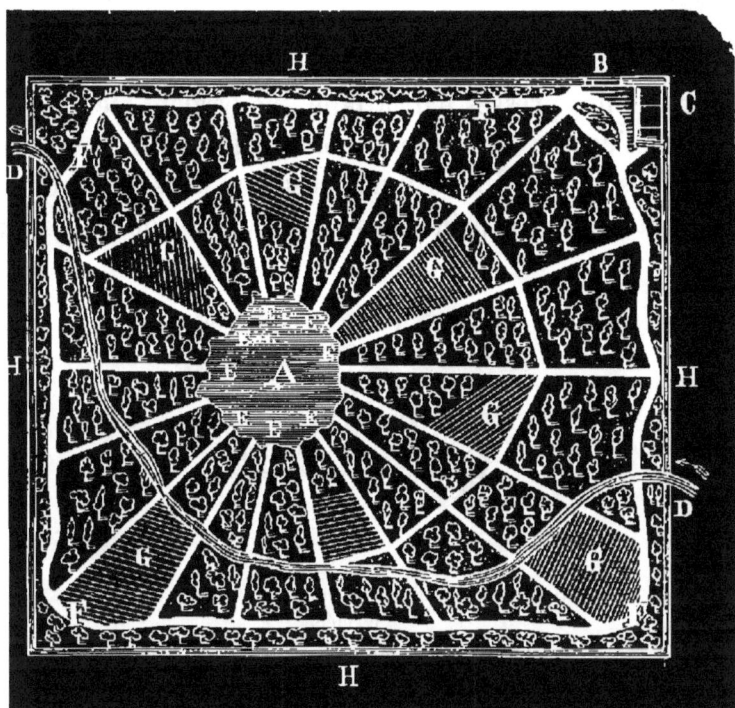

Fig. 9. Garenne forcée.

A. Terriers
B. Porte d'entrée;
C. Maison du garde;
DD. Ruisseau;
EEE. Allées centrifuges;
FF. Allées circulaires;
GG. Pièces ou clairières en culture;
HH. Murs de clôture.

ture, fermé de trois côtés, garni de râteliers et d'augettes basses, dans lesquelles on déposera le supplé-

ment de nourriture que les animaux réclament par
ces mauvais temps. Le râtelier, destiné à recevoir
du foin, de la luzerne, du sainfoin, etc., peut être
longitudinal ou circulaire, fixe ou mobile, en fer ou
en bois. Sans cette précaution, les habitants de la
garenne, pressés par la faim, pourraient bien dévo-
rer l'écorce des jeunes bois et les bourgeons des
taillis. Les cultures indispensables dans la garenne
sont, pour le printemps, du seigle et de l'avoine;

Fig. 10. Râtelier mobile, en bois, pour lapins en garenne
fermée.

pour l'été, des prairies naturelles et artificielles;
pour l'automne, des choux et des colzas; pour l'hiver, des carottes et des betteraves.

Voici comment, selon nous, il faut comprendre la
garenne fermée, la seule que la législation devrait
permettre, la seule qui se puisse concilier avec les
progrès de la culture, l'intérêt de la société, la jus-
tice et la raison. Nous ajouterons que l'enclôture
du lapin serait favorable à la multiplication du
lièvre, beaucoup moins dommageable aux cultures :
partout, en effet, où le lapin se multiplie, le lièvre

fuit. Est-ce que le lapin pullulant plus que le lièvre
le force à émigrer vers des pâturages plus abondants ?
Est-ce que la turbulence de Jeannot, toujours trotti-
nant, cherchant et jouant, cause à son confrère aux

Fig. 11. Râtelier fixe et fermé, dit à lanterne, en fer et bois, pour lapins
en garenne fermée.

longues oreilles des alarmes trop répétées ? Nous
l'ignorons, mais le fait est certain et bien connu de
tous les chasseurs.

Paris consomme, pour sa bouche, environ 150,000
lapins sauvages par an, venant de toutes les con-

trées de la France. On consomme en France de 4 à
5 millions de ces animaux ; mais ce chiffre tend à
diminuer depuis quelques années ; ce nombre fournit à l'industrie de la chapellerie environ 700,000 kilogrammes de poil. Les peaux, presque sans valeur
d'avril à novembre, se vendent, lorsqu'elles sont re-
vêtues de leur poil d'hiver, de 0 fr. 10 à 0 fr. 30
l'une. Quant à l'animal mort, sa valeur varie de 1 à
3 francs, suivant sa taille, la saison et le débouché.
La chasse produit donc, en France, de ce chef, une
valeur annuelle d'environ dix millions de francs ;
mais la culture souffre à coup sûr, du fait de notre
rongeur, un dommage annuel plus que décuple,
sans compter les dégâts qu'il commet dans les bois
et les taillis.

Dans les contrées déboisées, accidentées de collines seulement couvertes de buissons, genévriers,
ajoncs, chênes verts, dans les garrigues du Midi, on
trouve un lapin sauvage plus petit que celui ordinaire, d'un pelage plus foncé, de mœurs un peu différentes en ce qu'il ne fuit pas le chasseur en ga-
gnant son terrier en zigzags, mais en poussant
droit devant lui comme le lièvre, et en ce qu'il se
terre moins souvent ; on l'appelle *lapin buissonnier*.
Ne serait-ce point une variété du lapin de garenne
ordinaire ?

On parle souvent du *lapin de garenne de Russie,*
que l'on dit gris, avec la tête et les oreilles brunes
et la gorge fortement pendante ; d'autres donnent ce
nom à la race dite encore chinoise, de Moscou, de
Windsor, polonaise, etc., race domestique et dont

il sera question au chapitre suivant. Il n'y a donc
véritablement en Europe qu'une race de lapins sauvages, race qui a sans doute produit quelques variétés, mais peu nombreuses, distinctes seulement par
la modification de leur taille, de leur pelage, de
leurs mœurs, qui se sont mis en harmonie avec les
climats et la nature du sol.

§ 4. — Patrie du lapin sauvage.

Ç'a été une question longtemps controversée que
de déterminer la patrie originaire du lapin sauvage.
Un certain nombre de naturalistes admettent que
l'Europe méridionale est sa première patrie, et qu'il
n'a été qu'acclimaté dans les pays au nord des Alpes ;
ce qui est certain, c'est qu'on a en vain tenté de l'introduire en Suède et en Russie. Selon d'autres, il
serait originaire d'Afrique, d'où il se serait répandu
en Espagne. Elzéar Blaze le dit natif de ce dernier
pays : « Catulle, dit-il, nomme l'Espagne *cuniculosa*
« (lapinière). Deux médailles frappées sous le
« règne d'Adrien représentent l'Espagne sous la fi-
« gure d'une femme : un petit lapin semble sortir
« de dessous sa robe. Les étymologistes disent que
« le mot Espagne signifie lapin, parce que cet ani-
« mal se nommait *saphan* en hébreu ; les Phéni-
« ciens en ont fait *Sphania* et les Latins *Hispania*. »
Brehm et M. Gerbe objectent que le saphan des Hé-
breux n'était pas le lapin, mais le daman (*Hyrax*),
un pachyderme ordinaire, de la taille d'un lapin,

et dont une espèce se retrouve encore en Afrique,
particulièrement en Abyssinie et au cap de Bonne-Es-
pérance (*Hyrax Capensis*).

Le lapin a-t-il été connu des anciens Grecs? Les
uns l'affirment, les autres le nient. Camus s'appuie
sur ce que Polybe, Athénée, Posidonius et Élien,
qui tous écrivaient en grec, lorsqu'ils ont voulu décrire le lapin, lui ont donné le nom de *Couniclos*
ou *Conilos*, du mot latin *Cuniculus* qu'ils avaient
grécisé. Il était encore bien peu connu du temps de
Polybe, d'ailleurs (vers 204 av. J.-C.), puisqu'il dit
en parlant de lui : « On croirait voir un lièvre, mais
« en le prenant à la main on reconnaît aussitôt qu'il
« est d'une autre espèce. » Strabon, postérieur de
près de deux siècles à Polybe, appelle le lapin *Da-*
sypous; Aristote, qui était presque Grec et publia,
dans la langue de ce pays, un traité d'histoire naturelle qui lui a valu le titre de fondateur de la zoologie, Aristote, né près de quatre siècles avant Polybe
et près de six siècles avant Strabon, ne parle pas du
lapin. « Le lapin, dit M. Isidore Geoffroy-Saint-Hi-
« laire, n'a été nulle part mentionné par Aristote,
« et c'est tout à fait sans motifs que Cuvier le dit cité
« et même « très-bien décrit » par Xénophon. Au
« contraire, Polybe, Strabon, Élien, Pline et tous les
« auteurs d'une date postérieure nous parlent du la-
« pin; et leurs témoignages, rapprochés du silence
« d'Aristote, établissent clairement que ce rongeur
« n'existait originairement ni en Grèce ni en Italie,
« et qu'il y était même encore très-peu connu vers
« le commencement du second siècle avant notre

« ère. Au contraire, il habitait originairement l'Es-
» pagne, où il paraît avoir été domestiqué, la Corse,
« et vraisemblablement quelques autres parties de
« l'Europe méridionale. »

Néanmoins, M. Ad. Focillon dit encore, à l'article
LIÈVRE du *Dictionnaire général des sciences :* « Res-
« treint d'abord à la Grèce et à l'Espagne, selon le té-
« moignage d'Aristote et de Pline, le lapin s'est ré-
« pandu peu à peu dans toute l'Europe tempérée ; il est
« commun dans l'Afrique septentrionale, d'où on peut
« le croire originaire, en Asie-Mineure, en Perse,
« en Syrie, et a été importé jusqu'aux Antilles. » Il
est donc assez probable que la patrie du lapin est
l'Afrique, d'où il a passé en Espagne ; que les Romains l'y ont pris et l'ont donné aux Grecs. De la
péninsule Ibérique, il a pu spontanément se répandre dans le centre de l'Europe. Les Espagnols l'appelaient *conejo,* nos ancêtres le nommaient *connin*
ou *connil,* dérivés sans doute du latin *cuniculus* et
du grec *couniclos* et *conilos.* Il n'a été importé en
Angleterre que vers la fin du treizième siècle, et en
1309 il était encore si rare qu'il avait la même valeur qu'un porc ; aujourd'hui on y en consomme,
paraît-il, de 25 à 30 millions de têtes par an.

Fig, 12. Lapins domestiques.

CHAPITRE III.

LE LAPIN DOMESTIQUE.

§ 1er. — ORIGINE.

« Tous les naturalistes, à l'exception d'un seul, si je ne me trompe, dit Darwin, s'accordent pour admettre que les diverses races de lapins domestiques descendent de l'espèce sauvage commune. » Ce dissident unique, c'est M. P. Gervais, qui s'exprime ainsi : « Le vrai lapin sauvage est plus petit que le « lapin domestique ; ses proportions ne sont pas ab-

« solument les mêmes, sa queue est plus petite, ses
« oreilles sont plus courtes et plus velues, et ces
« caractères, sans parler de ceux fournis par la cou-
« leur, sont autant d'indications contraires à l'opi-
« nion qui réunit ces animaux sous la même déno-
« mination spécifique. » Il est certain que le lapin
sauvage a, dans la domestication, subi de nombreuses
et profondes variations dans la couleur, la taille, les
formes et la disposition des oreilles ; lapin riche, lapin de Russie, lapin bélier, lapin noir, blanc, gris,
roux, sont presque aussi différents entre eux que
l'épagneul, le lévrier, le basset et le terre-neuve.
Mais prenez ces mêmes lapins et rendez-les à la vie
sauvage, ils retourneront à la taille et à la couleur
du lapin de garenne, en Europe du moins. Il est
certain que la domestication fort ancienne du lapin
a eu pour résultat zoologique d'accroître la longueur proportionnelle de la face et de restreindre
la capacité crânienne relativement à la taille, et en
largeur surtout. Mais ce ne serait pas un motif
suffisant pour faire une espèce distincte du lapin
domestique, pas plus qu'il n'est venu à l'esprit de
quelqu'un de séparer spécifiquement le lévrier du
bouledogue ou l'épagneul du terrier à poil ras. Ce
n'est pas à dire qu'il n'y ait eu dans toutes nos races
domestiques rien autre chose que le sang du lapin
sauvage, et depuis qu'on connaît l'existence du léporide, Darwin lui-même a dû admettre : « qu'il est
« possible, quoique improbable, vu la difficulté d'o-
« pérer le premier croisement, que quelques-unes
« des grandes races qui sont colorées comme le

« lièvre aient pu être modifiées par des croisements
« avec ce dernier animal. » Nous reviendrons tout
à l'heure sur ce sujet.

§ 2. — RACES ET VARIÉTÉS.

Quel que soit son type originaire, le lapin a été
domestiqué dès longtemps, sans qu'on puisse préci-
ser l'époque, dans les pays tempérés. Nous savons
que Confucius (550 av. J. C.) mettait, en Chine,
le lapin au nombre des animaux propres à être
sacrifiés aux dieux, et comme il en prescrit la multiplication, il devait être, à cette époque reculée,
déjà domestiqué. En Europe, dès le commencement
du quinzième siècle, les auteurs français et anglais
décrivent déjà des races encore existantes aujour-
d'hui, mais dont la création était, à coup sûr, plus
ou moins ancienne. Passons en revue les prin-
cipales :

Le *lapin gris* ou *commun* porte un pelage plus ou
moins gris-noir, gris-roux, jaune même, avec le
ventre, les pattes et le dessous de la queue blancs ;
quelquefois le manteau est gris de fer, noir ou de
ces mêmes nuances pies, c'est-à-dire plus ou moins
mélangé de larges taches blanches. C'est sans doute
le produit de croisements multiples entre diverses
races, l'éleveur choisissant parmi les robes variables
celle qui lui plaît le plus. Quand dans la robe pie
le blanc entoure les yeux, ceux-ci sont presque toujours rouges ; les cas d'albinisme ne sont pas rares,

la robe étant entièrement blanche, les yeux sont rouges, dans ce cas aussi. Suivant le régime auquel on la soumet, et selon l'âge, cette race peut atteindre, étant adulte et après engraissement, le poids de 2 kilogr. 500 à 6 kilogrammes.

Le *lapin de garenne russe,* dont nous avons déjà parlé, et qu'on a domestiqué, porte la robe gris argenté, parce que l'extrémité des poils est bleuâtre. Est-ce bien la race qui descend de celle sauvage, avec le pelage gris, la tête et les oreilles brunes, le fanon pendant? Nous l'ignorons, et nous pensons que le lapin russe pourrait bien être la souche du lapin riche ou argenté.

Le *lapin riche* ou *argenté* serait, d'après Brehm et M. Gerbe, originaire des montagnes de l'Asie et surtout des monts Himalaya; et ils en font une race distincte de la race russe. « Le lapin argenté est plus « grand, disent-ils, que le lapin ordinaire, et d'un « gris bleu à reflets foncés ou argentés, avec le bout « du museau, les oreilles, les extrémités des pattes « et la queue d'un noir argenté assez foncé. Cette « belle espèce se reproduit assez bien en captivité, « et l'on pourrait tenter sa multiplication dans les « parcs, si l'on avait le soin de détruire les lapins « ordinaires qui s'y trouvent, ou seulement de n'en « laisser qu'un très-petit nombre, afin de diminuer « les chances de croisement. » Est-ce bien cette race sauvage qui, par la domestication, aurait produit celle de nos basses-cours portant le même nom? Tant il y a que celle-ci, la race domestique, porte la robe d'un gris argenté plus ou moins foncé, noir

4

avec la pointe blanche, ou mélangé de poils noirs
abondants avec quelques poils blancs disséminés;
généralement, la tête et les pattes sont complétement
noires. Ce poil est plus long, plus doux, plus soyeux
que dans la plupart des autres races. Sa peau, à la
sortie de l'hiver, est très-recherchée des fourreurs,
qui s'en servent pour imiter le petit-gris, une four-

Fig. 13. Lapins argentés.

rure de haut prix. On en connaît deux ou trois
variétés de couleur plus claire ou plus foncée.

Le *lapin blanc de Chine*, lapin de Windsor, encore appelé improprement lapin russe, lapin polonais, lapin de Moscou, a la robe blanche, avec les
yeux rouges, et souvent le bout du nez et des pattes
noires ; il est un peu plus gros que le lapin de garenne sauvage, et pèse de 1 kilogr. 500 à 2 kilogr.
250 vif. M. Gayot le considère comme originaire de

la Chine, d'où il aurait été transporté en Russie, s'établissant sur d'immenses étendues. Sa peau fournit aux pelletiers la fausse hermine, qui imite la véritable, beaucoup plus rare et plus chère. De Russie, il aurait passé en Pologne, puis en Allemagne, et enfin en France. La chair de cette race est très-estimée comme se rapprochant de celle du la-

Fig. 14. Lapin de Windsor.

pin sauvage. Cette race est-elle la même que la suivante?

Le *lapin himalayen* porte le pelage blanc avec les oreilles, le tour des yeux, le museau, les quatre pattes et le dessous de la queue d'un brun noirâtre et les yeux de couleur ordinaire et non rouges. Les lapereaux, à leur naissance, sont presque tous entièrement blancs, les taches brunes ne se montrant que successivement et avec l'âge; d'autres fois, ils

sont d'un gris pâle, plus rarement noirs, pour prendre tous, plus tard, la robe caractéristique de leur
race. On en a fait pendant quelque temps une espèce
distincte, sous le nom de *Lepus nigripes;* aujour-
d'hui, nous en sommes à nous demander si c'est
même une race, d'après ce que nous révèle Darwin : « En 1857, dit-il, un auteur annonça (dans
« le cottage Gardener) qu'il avait produit des lapins
« himalayens comme il suit : Il possédait une race de
« chinchillas qui avait été croisée avec le lapin noir
« ordinaire ; ce croisement donna, comme produits,
« des lapins noirs et des chinchillas. Ceux-ci furent
« recroisés avec d'autres chinchillas (qui avaient été
« eux-mêmes croisés avec des gris argenté), et les
« résultats de ces croisements compliqués furent des
« lapins himalayens. D'après ces documents et d'au-
« tres semblables, M. Bartlett, ayant entrepris des
« essais suivis au Jardin zoologique, trouva qu'en
« croisant simplement les chinchillas avec les lapins
« gris argenté (russe ou riche ou argenté), il obte-
« nait toujours quelques himalayens; et que ces in-
« dividus, malgré leur brusque origine, maintenus
« séparés, se reproduisaient en transmettant fidè-
« lement leur type.

Le *lapin chinchilla* a reçu ce nom de la ressemblance que présente sa fourrure avec celle du *Chinchilla lanigera,* du Pérou et du Chili, animal assez
voisin de l'écureuil et dont la peau est très-estimée
des fourreurs et des dames, en Angleterre surtout.
Le pelage du lapin chinchilla, en effet, est de couleur souris ou ardoisée, demi-rase, mais parsemée

de longs poils blancs et d'autres ardoisés non moins longs. Cette race, d'origine anglaise, est, comme le lapin riche, plus précieuse pour sa peau que pour sa chair, délicate à élever, tardive et peu apte à l'engraissement.

Le *lapin angora*, originaire d'Asie Mineure

Fig. 15. Lapin angora.

(Anatolie), comme la chèvre et le chat qui portent la même désignation, est favorisé d'une fourrure composée de poils longs et soyeux, ondoyants et légèrement frisés, d'un blanc gris perle, d'un gris ardoisé foncé ou d'un roux clair, et extrêmement abondants ; ce poil tombe, mue, naturellement, au printemps et à l'automne ; on le recueille ou on le récolte à l'aide du peigne pour le livrer à la chapellerie, qui le tient en très-haute estime. Cette race

4.

est plus petite mais plus savoureuse à manger que le lapin riche. Nous verrons quelle peut être l'origine de ces races à longs poils, en parlant des Léporides (chapitre quatrième). La race d'Angora paraît plus sociable que toute autre, et le mâle ne cherche point à détruire sa progéniture.

Le *lapin hollandais*, qui varie de couleur, est remarquable par sa petite taille; quelques individus adultes ne pèsent que 0 kilogr. 600; mais les femelles sont excellentes laitières et fourniraient de précieuses nourrices pour des races plus délicates et moins bien douées sous ce rapport, ou bien, dans les clapiers un peu nombreux, pour dédoubler les portées trop abondantes.

Le *lapin rouennais*, lapin bélier, double smuth, double lope, lope à rames, lope à cornes, lope parfait, etc., est le géant de l'espèce, par sa taille et son poids. Il porte à peu près le pelage du lièvre, mais un peu plus pâle; porte des oreilles longues et grandes, retombant à angle droit dès leur base, et aussi un large repli de peau ou fanon, formant trois ou quatre amples collerettes sous la gorge. Sa tête est grosse et de forme carrée, avec le chanfrein busqué; ses formes sont un peu anguleuses, et son squelette est volumineux. Très-lente dans son développement, grande mangeuse, cette race fournit une chair médiocre et un peu grossière. Le lapin rouennais est peu fécond, et son seul mérite consiste presque à atteindre, avec l'âge et un long engraissement, le poids vivant de 8 à 12 kilogr. Il y en a une variété appelé *demi-lope*, dont une seule

des oreilles est tombante; une autre variété, albine,
est le *lapin bélier blanc,* à yeux rouges. Quelle
peut être l'origine de cette race bizarre, et dont la
particularité principale, les oreilles développées et
tombantes, semble indiquer une domestication très-
reculée?

Darwin a constaté sur les crânes des lapins à

Fig. 16. Lapin double smuth.

oreilles tombantes, que les crêtes sus-orbitaires des
os frontaux sont plus larges que dans l'espèce sauvage et se relèvent davantage; que l'apophyse postérieure de l'os malaire dans l'arcade zygomatique
est plus large et plus mousse; que son extrémité se
rapproche aussi beaucoup plus du trou auditif que
dans le lapin sauvage, fait qui résulte surtout du changement de direction de ce trou; que l'os interparié-
tal est en général plus ovale et plus large, suivant

l'axe longitudinal du crâne, que dans le lapin sauvage ; que la marge postérieure de la plate-forme élevée de l'occiput, au lieu d'être tronquée ou faiblement saillante comme dans le lapin sauvage, est pointue ; que, relativement au volume du crâne, les apophyses mastoïdiennes sont généralement plus épaisses ; que le trou occipital ne présente pas ou une très-petite échancrure à son bord inférieur ; que le méat auditif osseux est notablement plus grand que dans l'espèce sauvage et porté plus en avant ; que le bord postérieur de la branche montante de la mâchoire inférieure est plus large et plus infléchi ; que les petites incisives placées derrière les grandes sont proportionnellement un peu plus longues, tandis que les molaires n'ont pas pris en longueur horizontale un développement relatif à celui de la tête en longueur totale. Ces différences zoologiques, peu sensibles d'ailleurs et pour la plupart peu importantes, sont presque toutes faciles à expliquer par le défaut d'exercice des oreilles, la corrélation de croissance et la sélection ; mais elles tendent à prouver aussi l'influence d'une domestication très-ancienne.

« Les lapins à oreilles pendantes, continue le savant naturaliste, ne transmettent pas fidèlement ce caractère. M. Delamer fait remarquer que, dans les lapins de fantaisie, les parents peuvent être parfaitement conformés, avoir des oreilles modèles, être élégamment marqués, sans que leurs produits soient invariablement pareils. Quand un parent ou tous les deux sont lopes à rames (c'est-à-dire ont les oreilles se détachant à angle droit), quand l'un ou tous les deux sont demi-lopes (c'est-à-dire n'ayant qu'une oreille pendante), il y a presque autant de chance que leur progéniture soit lope parfait (deux oreilles pendantes), que si leurs parents l'avaient été eux-mêmes. Si les deux parents ont cependant les oreilles droites, il y a fort peu de chances d'obtenir le lope parfait. Dans quelques demi-lopes, l'oreille pendante est plus large et plus longue que l'oreille droite, d'où résulte le cas peu normal d'un manque de symétrie entre les deux côtés. Cette différence dans la position et la grandeur des deux oreilles indique probablement que la chute de l'oreille résulte de son poids et de sa grande longueur, ainsi que de l'atrophie de ses muscles par défaut d'usage. Anderson signale une race n'ayant qu'une oreille, et le professeur Gervais en indique une autre qui en est dépourvue.

« Les lapins à grandes oreilles d'Angleterre pèsent souvent huit ou dix livres (3 kilogr. 629 à 4 kilogr. 536), on en a même exposé un pesant dix-huit livres (8 kilogr. 165), tandis qu'un lapin sauvage adulte ne pèse que trois livres et quart (1 kilogr. 475). Les oreilles sont prodigieusement développées et pendent de chaque côté de la tête; on a montré un de ces lapins dont les deux oreilles étendues mesuraient ensemble vingt-deux pouces (0^{m}55) de longueur; chaque oreille ayant cinq pouces et trois huitièmes de large (0^{m}126). Dans un lapin sauvage, j'ai trouvé sept pouces cinq huitièmes (0^{m}19) pour la longueur totale des deux oreilles mesurées bout à bout, et seulement un pouce sept huitièmes (0ᵐ046) pour la largeur. Dans les grandes races de lapins, le poids du corps et le développement des oreilles étant surtout les qualités recherchées et primées dans les concours, ce sont celles auxquelles on a appliqué la sélection avec le plus de soin. » Nous verrons un peu plus loin s'il n'y aurait pas lieu de faire remonter l'origine de cette race à une hybridation du lièvre et d'une race de lapins domestiques, comme la race grise de Russie par exemple.

Le *lapin lièvre,* le lapin belge, lapin bleu, lapin du Rhin, se rapproche beaucoup de la race précédente par sa taille et par la couleur de sa robe, un peu plus foncée pourtant; il en diffère par les oreilles, moins larges et moins longues, et dont la pointe seule est retombante. Il y en a une variété à robe blanche ou gris ardoisé et une sous-variété de même couleur et qui est double rames, descendant sans doute d'un croisement avec le rouennais.

Le *lapin andalous* est encore une grande race avec la tête forte et le front arrondi; la robe est noire, sauf la tête, qui est blanche. Le *lapin patagonien* est au moins de même taille; il a la tête très-développée, le chanfrein arrondi et les oreilles très-courtes. Le *lapin italien,* aussi gros que le rouennais, mais moins allongé, porte comme lui la robe couleur gris de lièvre; il est plus régulièrement fécond. Le *lapin dizain,* ainsi appelé parce qu'il ne donne jamais moins de dix petits par portée, est encore une grande race à robe gris fauve.

Le *lapin nicard,* qui serait peut-être mieux appelé

liçard ou Niçois (du nom de Nice), est particuliè-
ement répandu en Provence. Si le rouennais est le
éant de l'espèce, celui-ci paraît en être le nain,
vec le lapin hollandais. Adulte, il n'arrive guère
ù'au poids moyen de 1 kilogr. De la taille du lapin
àuvage, il a cependant les formes moins arrondies,
lus anguleuses. Sa robe est d'un gris fauve plus ou
noins foncé, mais tournant plutôt vers le noir ou
'argenté que vers le jaune. Cette race n'a de mérite
ue par sa rusticité et sa fécondité.

Le *lapin de Saint-Pierre* est une race de création
oute récente, dans le hameau de Saint-Pierre,
ommune de Brétigny-sur-Orge, département de
ieine-et-Oise, et due aux soins de madame Jubien
ıt aux combinaisons de M. Eug. Gayot. Voici, d'après
on père même, comment fut créée cette race : La
oùche première furent deux lapines sauvages éle-
rées à la cuiller et auxquelles on donna pour époux
ın léporide de trois quarts de sang élevé chez
ıl. Guerrapain, vétérinaire à Bar-sur-Aube, lequel
époride avait lui-même pour grand'mère une fe-
nelle de la race riche ou argentée. Les mâles issus
le ce premier croisement fécondèrent leurs demi-
;œurs de père, tandis que celui-ci couvrait alterna-
ivement ses filles et ses petites-filles ; après sa mort,
;es fils restèrent uniques sultans du harem, qui se
nultiplia, on le voit, dans une consanguinité très-
·approchée. Dans chacune des sept premières por-
lées on vit apparaître plusieurs petits à robe complè-
.ement noire, effet sans doute d'atavisme remontant
ı la femelle de race riche ; tous ces mélanismes fu-

rent rejetés de la reproduction, à laquelle on n'admit que les robes gris foncé, d'une nuance mixte entre la fourrure du lièvre, du lapin sauvage et du lapin domestique. Depuis quinze ou vingt générations, les robes noires, à la naissance, ont complétement disparu.

De ce mélange du léporide, du lapin sauvage et du lapin domestique, est résultée une race aujourd'hui parfaitement fixée, très-féconde, très-précoce, très-charnue, surtout dans le râble et les cuisses, très-vivace, très-jolie, et obtenant une grande faveur près des acheteurs et des consommateurs. Les mères, à l'âge d'un an, atteignent le poids de 3 kilogr. 500; les lapereaux, d'un à deux mois, pèsent en moyenne 1 kilogr. 500, à un an, 4 kilogr., après un engraissement assez sommaire. Cette race a une jolie petite tête, animée par un œil ouvert, au regard franc, et surmontée de petites oreilles fines, droites et entourées supérieurement d'un bord noir, tranchant fortement sur le manteau, qui est gris; les pattes très-solides, le rein très-ample, l'arrière-train puissant, l'ossature fine et les chairs abondantes.

Enfin nous nous contenterons de mentionner le *lapin rouge d'Afrique,* à cou pelé, d'après le P. Espanet, et d'ajouter que par le croisement et la sélection les éleveurs ont obtenu un grand nombre de variétés et sous-variétés, désignées en général sous le nom de *lapins de fantaisie.* C'est en Angleterre surtout qu'on paraît s'être attaché à produire ces diverses singularités de pelage.

Nous avons dit plus haut que si d'un côté le lapin

sauvage pouvait être facilement domestiqué, de l'autre, le lapin domestique revenait promptement à
l'état sauvage ; il est vrai que ceux-ci ne paraissent
point tendre à revêtir un type unique de pelage, celui du lapin de garenne, tout au moins hors d'Europe, bien que chez nous ce fait soit assez constant
pour la race commune de toutes nuances mise en
liberté. Cependant les lapins gris argenté (riches),
conservés en garenne, restent ce qu'ils sont, quoique vivant presque à l'état de nature ; mais ceci s'explique si l'on admet qu'ils appartiennent à une espèce sauvage différente du lapin de garenne de nos
climats, le lapin de garenne russe, par exemple, ou
le lapin de l'Himalaya. A la Jamaïque, où notre
lapin sauvage a été importé et où il se multiplie
peu, on le décrit actuellement comme ayant une
teinte ardoisée, saupoudrée de blanc sur le cou, les
épaules et le dos, et tournant au blanc bleuâtre
sous le poitrail et le ventre. Dans les îles Falkland
(îles Malouines), des lapins domestiques importés
et revenus à l'état sauvage, sont les uns couleur du
lièvre, les autres, et c'est le plus grand nombre,
noirs, quelques-uns présentant sur la face des
taches blanches symétriques ; dans les mêmes îles,
sur l'îlot de Pebble-islet, ces lapins sont tous couleur du lièvre, et sur l'îlot de Rabbit-islet, la plupart
sont d'une teinte bleuâtre particulière. Enfin, dans
l'île de Porto-Santo, près de Madère, des lapins
domestiques, importés en 1418 par Gonzalès Zarco,
s'y sont merveilleusement multipliés, mais en deve-
nant plus petits encore que notre lapin de garenne ;

leur robe est plus rouge sur le dos et n'est que rarement parsemée de poils noirs ou de poils à pointe
noire; le poitrail et certaines parties inférieures
sont d'un gris pâle ou plombé, au lieu d'être blanches; le dessus de la queue est brun rougeâtre, et
l'extrémité des oreilles n'offre aucune trace de bor-
dure foncée; on dit qu'ils font de quatre à six petits
par portée, en juillet et août, et on n'a pu les faire
reproduire en captivité au Jardin zoologique de Londres. Du moment qu'une race fait retour au type
primitif, les modifications qu'elle subit sont différentes suivant ce type lui-même. D'un autre côté, il
faut admettre l'influence du climat, puisque, au bout
de deux ans de séjour à Londres, les lapins de Porto-
Santo montraient déjà une tendance vers le pelage
du lapin de garenne. Une autre raison non moins
puissante, qui explique pourquoi les animaux sauvages portent en général une robe uniforme et typi-
que, c'est la sélection naturelle à laquelle ils sont
soumis, ceux qui porteraient un pelage différent,
moins en harmonie avec les milieux où se passe leur
existence, étant naturellement exposés à des chances
de destruction bien plus nombreuses de la part de
leurs ennemis.

§ 3. — MŒURS DU LAPIN DOMESTIQUE.

La domestication a eu pour résultat, chez le lapin
sauvage, d'accroître la taille et le poids, de faire en
général pâlir la robe, d'allonger la tête sans déve-

lopper le crâne, d'accroître relativement les dimensions de l'oreille, d'augmenter la fécondité, non-seulement quant au nombre des portées, mais encore quant au nombre des petits dans chaque portée ; d'accélérer le développement, d'augmenter la disposition à produire de la viande, et surtout de remplacer la timidité, la sauvagerie naturelle, par la confiance dans l'homme.

Le lapin sauvage fait par an quatre ou cinq portées, comprenant chacune de quatre à huit lapereaux. Le lapin domestique donne six ou sept portées annuelles, composées chacune de quatre à quinze petits. Il est vrai que toutes nos races ne sont pas également douées sous ce rapport : les petites, comme le lapin hollandais, le nicard, le Saint-Pierre, et la race dite commune, sont plus fécondes que les grandes, comme le rouennais, le belge, l'italien, l'andalous, le patagonien ; le dizain seul fait exception parmi celles-ci ; quant aux races à fourrure, riche ou argenté, chinchilla, angora, non-seulement elles n'ont qu'une médiocre fécondité, mais encore elles sont très-délicates à élever, et les lapereaux sont exposés à une mortalité considérable.

La femelle peut être fécondée aussitôt qu'elle a mis bas ; lorsqu'on la laisse cohabiter avec le mâle, les portées simultanées ne sont pas rares ; mais généralement on ne la rend au mâle que lorsque ses lapereaux sont suffisamment développés et qu'on veut les sevrer. La durée de la gestation étant de trente à trente-deux jours, et l'allaitement devant se continuer pendant vingt-cinq à trente jours, c'est

pour chaque portée une période nécessaire de cin-
quante-cinq à soixante-deux jours environ, soit en
moyenne soixante jours ou deux mois, ce qui réduit
nécessairement le nombre des portées au maximum
de six par an.

Mâle et femelle sont aptes à se reproduire dès
l'âge de quatre à six mois, plus tôt dans les races
petites, plus tard dans les grandes races; mais ici,
comme dans les autres animaux domestiques, si l'on
veut ménager les parents et obtenir de beaux produits, il ne faut les admettre à la reproduction que
lorsqu'ils sont devenus adultes, que le développement de leur squelette est achevé, c'est-à-dire, suivant les races, de six à douze mois. Un mâle suffit,
selon la race, à dix ou quinze lapines, et en admettant six portées par an, c'est l'équivalent de soixante
à quatre-vingt-dix femelles pour un mâle.

Les lapines placées dans un endroit où elles ne
peuvent fouir et se creuser un terrier, nichent sur le
sol; lorsque le terme de leur gestation approche,
elles se construisent, dans un coin aussi reculé et
obscur que possible de leur loge, un nid épais de
paille au centre duquel elles pratiquent une ex-
cavation arrondie; puis, avec les dents, elles s'arrachent, sous le ventre, du duvet dont elles tapissent
le dedans de ce nid. C'est là qu'elles déposent leurs
petits le temps venu, et qu'elles les allaitent pendant
vingt-cinq à trente-cinq jours.

Bien que domestiqué, le lapin n'en est pas moins
resté rongeur et fouisseur; aussi faut-il avoir la précaution de paver ou daller son logement, sans quoi

il s'y creuse des galeries propices à son évasion; et aussi celle de meubler les cases d'ustensiles (râteliers, auges, etc.) en fer ou en tôle plutôt qu'en bois, parce qu'il les détruit rapidement à l'aide de ses dents. N'oublions pas son origine non plus, et cherchons à le rapprocher autant que possible de son état primitif en lui accordant de l'espace, de l'air pur, en l'entretenant en grande propreté; rappelons-nous enfin que la femelle cherche à nicher à l'insu du mâle et loin de sa présence, afin de soustraire ses petits à sa jalousie; que le lapin est un animal nocturne et qui mange surtout la nuit; et cherchons à le placer dans des conditions à peu près identiques, en séparant les mâles des femelles, en lui donnant à manger non-seulement pendant le jour, mais aussi et surtout le soir.

. D'un autre côté, bien que le lapin sauvage se reproduise en général en consanguinité, ce qui n'a aucun inconvénient, justement parce qu'il vit en liberté, gardons-nous bien, après avoir modifié ses conditions d'existence par la captivité, de continuer cette pratique, qui conduirait fatalement et rapidement la famille à la stérilité et à une destruction complète par la mortalité des jeunes. Ce sont d'ailleurs ces différents points que nous allons successivement étudier avec plus de détail.

§ 4. — Choix des reproducteurs.

Pour le lapin comme pour toutes les espèces domestiques, il faut choisir pour la reproduction les individus les plus parfaits dans leur race, c'est-à-dire possédant les caractères qui dans chaque race indiquent la meilleure disposition pour l'aptitude recherchée ; taille, longueur et disposition des oreilles, finesse du squelette, couleur de la robe, longueur des poils, teinte et finesse du duvet, sont des conditions qui doivent d'abord guider le choix selon la race que l'on élève et que l'on veut conserver pure en l'améliorant encore. Mâle et femelle, en outre, ne seront ni trop jeunes ni trop vieux : trop jeunes, la reproduction arrêterait leur propre développement, leur portée serait peu nombreuse, la mère les allaiterait insuffisamment, ils manqueraient de vigueur et d'énergie à leur tour pour perpétuer la race ; trop vieux, leur fécondité serait moins certaine aussi, les portées plus faibles en nombre et en force.

Suivant que la race est précoce (les petites races en général) ou tardive (les grandes races), les reproducteurs doivent être âgés au minimum de six à douze mois ; la fécondité de l'un et de l'autre se conserve jusqu'à huit ou dix ans, mais en diminuant progressivement dès la quatrième ou cinquième année. C'est donc à ce dernier âge qu'il faut réformer, les mâles surtout, parce qu'ils deviennent souvent méchants alors, et les femelles, parce que leur chair devient plus dure, moins savoureuse, et que leur disposition à l'engraissement diminue en même temps que leur fécondité et leur lactation.

Dans une portée, donc, il faut choisir les reproducteurs qui, plus conformes au type pur de la race, se sont le mieux et le plus rapidement développés. Le mâle aura le corps relativement court, bien râblé; la tête masculine, mais fine pourtant; l'œil vif; les oreilles suivant sa race, mais fines et transparentes; la poitrine large; le poil luisant et bien fourni. Tout en lui annoncera la vigueur : vivacité des mouvements, audace, vigilance. La femelle aura des formes non moins arrondies, mais plus féminines : le corps court, la tête plus longue et plus fine, la poitrine un peu plus étroite peut-être, mais le train postérieur plus large; l'œil doit toujours être aussi grand et vif; le pelage, celui caractéristique de la race; la taille, relativement au sexe, la même que celle du mâle.

S'il s'agissait de croisements, diverses autres considérations viendraient se joindre à celles-ci : il ne faut jamais croiser des géants avec des nains, mélanger le sang de races notablement différentes en taille et poids; on n'obtiendrait ainsi que des produits mal conformés, surtout si le géant est le mâle et naine la femelle; l'inverse serait préférable et moins dangereux, sans être pourtant beaucoup plus recommandable. Ce n'est pas par le croisement qu'il faut chercher à élever la taille et le poids, mais par le régime. La taille d'ailleurs est-elle un avantage à rechercher? D'une manière absolue, non. Nous savons déjà que les grandes races sont moins précoces dans leur développement et moins fécondes que les petites; ajoutons que les petites races consomment davantage que les grandes comparativement à leur poids, mais qu'aussi elles assimilent beaucoup mieux; d'un autre côté, deux lapins de 2 kilogr. chacun fourniront ensemble plus d'os, plus d'issues, plus de déchets, et moins de viande qu'un seul lapin du poids de 4 kilogr. à lui seul. En résumé, chacun des extrêmes a ses inconvénients, et ceux qui les balancent le mieux avec les avantages sont les animaux d'un poids moyen.

§ 5. — Reproduction.

Le lapin, comme les mâles de toutes nos espèces domestiques, étalon, taureau, bélier, verrat, etc., est toujours disposé à l'accouplement; chez lui le *rut* est permanent. Il n'en est pas de même de la lapine, qui ne se prête à ses caresses que lorsqu'elle est sous l'influence des *chaleurs*. Cet état se reconnaît chez elle à ce qu'elle mange moins, qu'elle se montre inquiète, dresse fréquemment les oreilles, bouleverse sa litière, court dans sa case, se couche lorsqu'on cherche à la prendre. Cet état dure chez elle quatre ou cinq jours, et s'il n'est point satisfait, se reproduit à intervalles de huit à dix jours. Les chaleurs se manifestent en outre à peu près régulièrement deux ou trois jours après chaque part, sont suspendues pendant l'allaitement, et se reproduisent après le sevrage. Le voisinage du mâle suffit pour les développer; mais il faut bien se garder de lui livrer la femelle avant qu'elle ait manifesté le désir de le recevoir, sans quoi elle résiste, se défend, et on voit s'établir une lutte dans laquelle griffes et dents jouent leur rôle, où les blessures sont fréquentes, et où il n'est pas rare de voir succomber l'un ou l'autre, et plus souvent le sexe faible.

Lors donc que la femelle a donné des signes de chaleurs se développant spontanément, ou qu'on a provoquées en la plaçant durant quelques jours dans une case voisine de celle du mâle, on la transporte au domicile de celui-ci, plutôt que d'apporter le mâle à la femelle; nous avons dit pourquoi. En outre, la case du mâle doit être différemment disposée que celle des femelles; les dernières sont de forme plus ou moins rectangulaire; celle du lapin doit être circulaire et beaucoup plus spacieuse, tant en vue de son hygiène qu'en vue de l'accouplement. Si la lapine résiste, le mâle la pourchasse dans un angle, et là, paralysant ses moyens de résistance, il l'étouffe souvent dans ses embrassements; dans une case ronde, la lapine fuit devant lui, tous deux parcourent cette sorte de cirque plus ou moins longtemps, et la fatigue ayant abattu ses forces, la livre sans danger au mâle toujours aussi ardent, mais devenu beaucoup moins violent. L'accouplement a lieu et se termine par un brusque spasme nerveux qui renverse le mâle en arrière, en lui arrachant un petit cri.

C'est le soir, de préférence, qu'il faut conduire la future à son époux; la nuit, le calme et l'obscurité favoriseront les fiançailles. Si la lapine allaite encore ses petits, il faut la leur rendre après une ou deux heures au plus de cohabitation; un éloignement plus long a souvent pour résultat de lui faire abandonner l'élevage de sa portée. Si ses petits sont déjà sevrés, on peut la laisser au mâle pendant douze, vingt-quatre ou même trente-six heures; l'accouplement se répète à plusieurs reprises durant cet intervalle, la fécondation double des deux cornes de l'utérus est plus certaine, et la portée par conséquent plus nombreuse. Au bout de douze à quinze jours on peut déjà s'assurer, en palpant avec précaution l'abdomen de la lapine, s'il y a eu fécondation et si la nichée sera abondante.

Si d'un côté la fécondation est plus assurée pendant les quelques jours qui suivent le part, d'un autre, cette nouvelle gestation nuit à l'allaitement, et les lapereaux réussissent moins bien. Par ailleurs, l'allaitement a fatigué la mère, l'accouplement survenant alors donne une fécondation moins certaine et des portées moins nombreuses; aussi est-il préférable de laisser une huitaine de repos à la mère après le sevrage et avant de la rendre au mâle. Dans tous les cas, il faut toujours tenir soigneusement note de la date de l'accouplement, afin d'être renseigné à l'avance sur l'échéance du part.

La lapine porte de trente à trente-deux jours. Huit à dix jours avant la fin de la gestation, il faut faire un nettoyage complet de sa case et remplacer le fumier par une abondante litière fraîche dans laquelle la mère établira son nid. En outre, il est prudent de recouvrir extérieurement d'une toile la porte à claire-voie de sa case pour la soustraire à une lumière trop intense et à toutes craintes de danger; le bruit doit être évité autour d'elle, les chiens et les chats doivent être plus que jamais écartés du clapier, afin d'éviter les avortements et les frayeurs subites, à la suite desquels la mère abandonne ou même massacre ses petits.

Le moment du part arrivé, « la petite mère prend position au-dessus de l'ouverture du nid, et y laisse tomber le premier de la nichée. Elle lui fait bon accueil et lui donne les premiers soins ; elle le dépouille, en le léchant, de toute humidité nuisible, afin de le préserver du froid. Cela fait, elle attend la venue du suivant, qu'elle dépose dans le nid de la même manière, et auquel elle prodigue les mêmes attentions, sans variantes pour les autres jusqu'au dernier. » (Eug. Gayot, *les Petits Quadrupèdes de la maison et des champs,* t. Iᵉʳ, p. 353.) Lorsque la portée est nombreuse, douze à seize petits, il s'écoule souvent vingt-quatre heures entre la naissance du premier et celle du dernier. Enfouis dans le duvet dont les recouvre leur prévoyante mère, les lapereaux, le corps presque nu, souffrent rarement du froid, mais craignent beaucoup l'humidité ; dans l'état de nature, ils étaient placés dans le terrier, une sorte de cave creusée à 0ᵐ 50 sous le sol sec, abrités à la fois contre le chaud et le froid ; attachons-nous à les placer, en captivité, dans des conditions semblables, suivant la saison.

La mère veut-elle leur donner à teter, elle emploie une méthode qui lui est propre. « Quand elle juge à propos de se faire sucer, dit M. Gayot, l'expérimentateur qui a le plus étudié et le mieux compris les mœurs de ces petits mammifères, elle

agrandit l'ouverture supérieure du nid et découvre
tous les petits. Alors elle place son ventre au-dessus
d'eux sans pénétrer plus avant dans le berceau. Les
lapereaux ont toujours soif ou faim. Stimulés par les
bonnes senteurs du lait, ils se retournent vivement
sur le dos, et, soulevés comme par un mouvement
de détente, ils saisissent avec une surprenante habileté les mamelles gonflées qui leur sont offertes.
Les plus forts et les plus agiles, les plus gourmands
peut-être, sont nécessairement les premiers atta-
blés ; les faibles et les débiles ne réussissent pas
toujours à se hisser jusqu'au goulot de la bouteille.
Ceux-là jeûnent et périssent cruellement de la faim.
De là vient, je suppose, qu'on trouve encore assez
souvent dans les nids un ou deux lapereaux morts
tout petits. » (*Ibid.*, p. 355). Le même fait se produit chez les femelles multipares de nos animaux
domestiques, la chienne, la chatte, la truie : quand
le nombre des nouveau-nés dépasse le nombre des
mamelles de la mère ou qu'ils sont trop nombreux
eu égard à sa faculté laitière, les plus petits, les
plus faibles, les moins agiles, succombent de faim.
Mais dans un clapier un peu nombreux il est facile
de remédier à ces accidents en faisant adopter quelques-uns des enfants trop nombreux d'une lapine par
une autre dont le part arrivé presque à la même
époque a été moins fructueux ; pour cela on les
prend, en silence, dans la nuit, à l'une, pour les
placer de même dans le nid de l'autre.

L'avortement est assez rare dans l'espèce qui nous
occupe ; il peut se produire pourtant quand on a

laissé le mâle et la femelle ensemble jusqu'à une époque trop avancée de la gestation; quand on a nourri la mère à un régime ou trop humide ou trop sec; quand on l'a nourrie trop abondamment ou trop parcimonieusement; les lapines en embonpoint, trop grasses, avortent ou font peu de petits; celles trop maigres avortent aussi ou donnent des portées assez nombreuses, mais qu'elles ne peuvent allaiter. Il arrive parfois que la mère tue ses petits, souvent à une première portée surtout. Est-ce dépravation? Nous ne le pensons pas. Le plus souvent, croyonsnous, prise de fièvre à la suite du part, et privée d'eau, elle étanche sa soif dans le sang des nouveaunés; nous en avons possédé une qui, à ses deux premières portées, mangea les pattes de ses lapereaux. Quand les mêmes faits d'avortement ou de mutilation se sont produits une première fois, il faut surveiller attentivement la mère au part suivant, la soumettre à une hygiène rationnelle, et tenir constamment de l'eau à sa portée; si une seconde fois, il la faut réformer de suite.

Les lapereaux grossissent assez lentement pendant les premiers jours, d'autant plus lentement qu'ils sont plus nombreux. Ce n'est que du huitième au dixième jour qu'ils ouvrent les yeux; du dixième au quinzième qu'ils s'aventurent hors du nid; du dix-huitième au vingtième qu'ils commencent à manger; et c'est vers le trentième enfin que la mère les sèvre; plus tôt, si elle a peu de lait ou si elle est pleine de nouveau; plus tard, si, étant bien nourrie et n'ayant pas été fécondée une autre fois, elle possède encore assez de lait pour nourrir ses enfants. Il est bon de les habituer de bonne heure à manger, en leur offrant des aliments nutritifs, facilement digestifs, et qui sollicitent leur gourmandise : ils ne tarderont pas à suivre l'exemple de leur mère et à partager son repas.

Le sevrage effectué, on sépare la mère et les enfants, ou plutôt on enlève les lapereaux pour les placer dans deux loges distinctes, en séparant les sexes, car dès l'âge de trois ou quatre mois les mâles se courent les uns les autres, poursuivent et fatiguent les jeunes femelles. Celles-ci peuvent rester en société jusqu'au moment où elles seront fécondées une première fois, et seront dès lors isolées. Ceux-là seront triés dès qu'ils auront cinq à six mois, c'est-à-dire qu'on y pourra choisir un ou plusieurs reproducteurs si on en a besoin, et que les autres seront châtrés, puis engraissés.

Nous recommandons de tenir note exacte des généalogies, de façon à pouvoir éviter autant que possible la consanguinité, d'élever parallèlement trois ou quatre familles dans lesquelles on choisira des reproducteurs pour les apparier ensemble en mélangeant les sangs ; puis tous les quatre ou cinq ans, par voie d'échange ou d'achat, on renouvellera les mâles, en les choisissant aussi parfaits que possible dans la même race. Si l'on fait des croisements, on devra élever les deux races pures l'une à côté de l'autre ; si l'on procède par métissage, c'est-à-dire en employant des mâles déjà croisés, la même recommandation continue, dans les deux cas comme dans le premier, à être d'absolue nécessité, si l'on veut éviter la mortalité et l'infécondité.

Dans l'établissement d'un clapier (c'est le nom que l'on donne d'ordinaire à l'établissement, petit ou grand, dans lequel on entretient des lapins en captivité), on a dû choisir une race pure possédant, au maximum, les qualités qu'on recherche : fécondité, si l'on vend les élèves ; aptitude à l'engraissement et précocité, si l'on vend les animaux engraissés ; fourrure, si l'on spécule sur la peau, le poil ou le duvet. Il peut arriver parfois pourtant que l'on désire donner partiellement à la race une qualité qui lui manque, ou lui substituer lentement et à peu de frais une autre race plus précieuse sous quelques rapports. Dans le premier cas, on emploiera le croisement interrompu ou le croisement alternatif, et dans le second, le croisement continu.

Le croisement interrompu consiste à employer un mâle de la race amélioratrice, afin d'obtenir des produits de demi-sang, qui sont livrés à la consommation avant de s'être reproduits ; on entretient ainsi parallèlement des mâles de la race amélioratrice et des femelles de la race à améliorer, et on renouvelle le croisement d'une manière constante entre les deux races pures. On se procure par l'achat les mâles améliorateurs, si mieux on n'aime les produire soi-même. Il n'y a ni création ni amélioration de race, les produits croisés étant tous sacrifiés dès qu'ils sont en état de vente. Dans certains cas cependant, on se contente d'un premier croisement, ou tout au plus d'un second, pour donner par les mâles un peu de sang améliorateur, et doter la race d'un degré quelconque d'aptitude qui lui faisait défaut, mais alors on rentre dans le métissage.

Le croisement alternatif admet les produits à la reproduction ; on emploie comme mâles, tantôt ceux de la race améliorée, tantôt ceux de la race à améliorer, afin d'obtenir une race mixte ayant retenu une partie des qualités de chacune ; il ne reste qu'à éliminer attentivement ceux des produits qui présentent une ressemblance trop complète (ce que l'on appelle un atavisme) avec l'un ou l'autre des types purs. Après un certain temps et avec cette précaution, on peut obtenir une sous-race à caractères et aptitudes mixtes, reproduisant d'une manière régulière le type ambigu qu'on désirait obtenir. Les mâles appartiennent toujours à l'une des deux races pures, les femelles seules sont croisées.

Le croisement continu consiste dans l'emploi constant de mâles de la race amélioratrice ; cette pratique finit, après la cinquième ou sixième génération, par substituer le type nouveau au type dédaigné, si on a soin de rejeter toujours de la reproduction, pour les livrer à la consommation, les femelles qui se rapprochent le moins de la race améliorante. Le croisement continu est donc une sorte de greffe de la race perfectionnée sur la race commune, dont la dose de sang dans les produits diminue constamment et rapidement. Après cinq ou six générations on peut admettre les mâles croisés à la reproduction, mais en choisissant ceux qui présentent les indices de la pureté la plus complète et en éliminant toujours les

atavismes ; après une douzaine de générations, en tout,
on peut considérer la race comme fixée et constante.

Enfin, un dernier moyen d'amélioration de la
race, le plus certain sinon le plus rapide, lorsqu'il
s'agit de précocité ou d'aptitude à produire de la
viande, c'est l'amélioration de la race par elle-
même à l'aide de la sélection et du régime : choisir
toujours et exclusivement pour reproducteurs les
individus, mâles et femelles, qui sont les plus parfaits de conformation et ont fourni les indices les
plus hauts de l'aptitude désirée ; puis favoriser encore le développement de cette aptitude par un régime approprié. Nous ne saurions trop recommander
encore ici d'agir sur plusieurs familles à la fois, de
façon, non à éviter complétement la consanguinité,
mais à en diminuer autant que possible les degrés.

C'est par le croisement des races entre elles qu'on
a obtenu les sous-races ou variétés dites : lapin blanc
à oreilles tombantes ; lapin rouge double rame ; lapin bleu double smuth ; lapin angora chinois, etc.,
la plupart enfin de celles dites de fantaisie. La manie
du croisement s'est emparée du petit ou du grand éleveur de lapins comme du petit ou grand éleveur de
bœufs, de moutons, de porcs ou de chevaux, au profit de la curiosité du producteur, souvent aux dépens
de sa bourse, presque toujours au détriment de l'intérêt général. Bien choisir une race, la conserver
pure en l'améliorant, s'il est possible, sera presque
toujours, du moins dans l'espèce qui nous occupe,
plus profitable que de la croiser avec quelque autre
que ce soit.

§ 6. — Hygiène du lapin domestique.

Les fonctions de circulation et conséquemment de respiration sont très-actives chez le lapin, mammifère de petite taille. Les expériences pratiques de M. Allibert vont nous dire dans quelle mesure : tandis que le cheval adulte brûle ou exhale en vingt-quatre heures, par kilogramme de son poids vivant, 5 gr. 15 de carbone, le poulain, 6 gr. 06; un bœuf ou une vache adultes, 4 gr. 09; un veau ou une génisse, 6 gr. 58; un bélier ou une brebis adultes, 6 gr. 49; un agneau, 8 gr. 57; il a trouvé, par des expériences directes et soigneusement faites, que dans l'espèce des lapins domestiques, la combustion ou l'exhalation du carbone était la suivante :

ANIMAUX, SEXE, AGE.	POIDS VIF. kilogr.	CARBONE EXHALÉ OU BRULÉ	
		en 24 heures. grammes.	par kilogr. de poids vif. grammes.
Lapine pleine, seize mois. .	4.700	31.00	6.600
Lapine pleine, quatorze mois	4.690	30.64	6.542
Mâle adulte..	3.000	22.00	7.100
Trois mâles adultes, pesant ensemble.	7.000	63.00	9.000
Trois mâles adultes, pesant ensemble..	6.940	21.00	9.110
Lapin adulte.	1.914	16.44	8.068
Sept lapins de quatorze mois, pesant ensemble.	24.143	177.41	7.375
Deux lapereaux âgés de deux mois.	1.500	18.00	12.000
Deux lapereaux âgés d'un mois.	0.925	14.00	15.000

De sorte que les animaux adultes ont brûlé ou exhalé, en moyenne, 51 gr. 65 de carbone par vingt-quatre heures, ou 7 gr. 685 par kilogr. vif; que les jeunes ont brûlé 16 grammes par vingt-quatre heures, ou 13 gr. 500 par kilogr. de poids vivant.

Tenons donc bon compte dans l'élevage que le corps relativement si petit du lapin, à tous les âges, présente, relativement à son poids, une surface considérable au contact de l'air, surface d'autant plus grande que l'animal est plus jeune ou de taille plus petite; qu'il lui faut consommer une grande quantité d'aliments employés à entretenir sa chaleur; que cette combustion ne peut se faire pleinement que dans une atmosphère pure; qu'en conséquence il faut le préserver du froid et de l'humidité avec grand soin, surtout tant qu'il n'est pas protégé par une fourrure suffisamment épaisse, et qu'il faut lui accorder pour logement un espace suffisant et suffisamment ventilé pour que la respiration s'accomplisse librement et dans une atmosphère pure. N'oublions pas non plus qu'enlevé à la vie sauvage il en a conservé en partie les mœurs et les aspirations; que le mâle pour s'entretenir en santé et en vigueur, la femelle pour conserver sa fécondité, pour éloigner l'obésité, ont tous deux besoin d'une certaine liberté, d'un certain espace pour courir, jouer, entretenir l'élasticité de leurs membres, le plein fonctionnement de leurs organes; qu'à plus forte raison encore ces conditions sont indispensables à la bonne réussite des jeunes, à la conservation de vitalité de l'espèce.

Il faudra donc, dans l'élevage et dans l'entretien

de ces animaux, nous attacher à les rapprocher, autant que le permet leur exploitation économique, de
l'état de nature. Quant à l'engraissement, c'est une
tout autre question, la zootechnie n'étant point la
zoologie, la production de la viande et de la graisse
étant une maladie anormale que nous cherchons à
développer chez nos captifs.

Mâles et femelles obèses, nous l'avons dit déjà,
se reproduisent mal ou même pas ; ceux trop maigres, insuffisamment nourris, produisent des lapereaux chétifs, languissants, résistant peu aux maladies ; ceux qu'on renferme dans des espaces trop
restreints, où l'air est impur, chaud, rarement re-
nouvelé, engraissent peut-être, mais sont souvent
atteints de maladies anémiques ; leurs enfants sont
exposés comme eux, plus qu'eux mêmes, à l'hydropisie, aux rhumatismes articulaires, etc. Le problème
consiste à entretenir les parents dans un état de santé,
de vigueur, d'énergie, d'embonpoint suffisant, mais
non trop, à leur procurer un air pur, à leur fournir
les moyens de faire un peu d'exercice en rapport
avec leurs besoins, leur âge et leurs fonctions. Il en
découle aussi la nécessité de tenir les lapins dans la
plus grande propreté, de leur fournir de la litière
en quantité suffisante, d'enlever fréquemment le
fumier, de donner écoulement aux urines, de ven-
tiler les loges, d'isoler les animaux adultes et même
les jeunes dès que l'influence du sexe se prononce,
d'éviter enfin toute agglomération trop nombreuse ;
si avec cela la nourriture est de bonne qualité, bien
choisie, en quantité rationnelle, on évitera la plu-

part des maladies, et on obtiendra des produits économiques.

§ 7. — Logement du lapin domestique. — Clapier.

La garenne est l'endroit où l'on entretient le lapin
sauvage; le clapier, celui où l'on élève et engraisse
le lapin domestique.

Contrairement aux prescriptions hygiéniques que
nous avons développées dans le paragraphe précédent, on installe souvent le lapin domestique dans
un mauvais tonneau, une caisse à savons, une case,
un trou quelconque, sous un dessous d'escalier,
dans un cellier, une cave même; on laisse le fumier
s'y entasser; on se préoccupe peu d'y donner accès
à un air pur; le même mâle ou son propre fils servent toujours à la reproduction, fécondant ainsi
mères, filles et sœurs; aussi, au bout de trois ou
quatre générations, les portées deviennent moins
nombreuses, les petits naissent chétifs, atteints dès
leur naissance d'arthrites, plus tard d'hydropisie,
meurent en grand nombre, et bientôt la famille entière a disparu.

Voyons à faire mieux : on peut entretenir les lapins
soit en clapiers libres, soit en clapiers forcés.

Le *clapier libre* ne peut guère s'établir qu'en
pleine campagne; près des villes, villages ou fermes,
les chats y feraient de désastreux ravages. Voici comment on peut l'organiser : il faut choisir un terrain
sec, argilo-siliceux, silico-argileux ou argilo-calcaire,

situé un peu en pente et exposé au levant; on l'entoure de murs hauts de trois mètres et dont les fondations ont $1^m 50$ de profondeur. Le long des murs qui regardent le sud et l'est, on installe des cases en maçonnerie de briques, un peu élevées au-dessus du

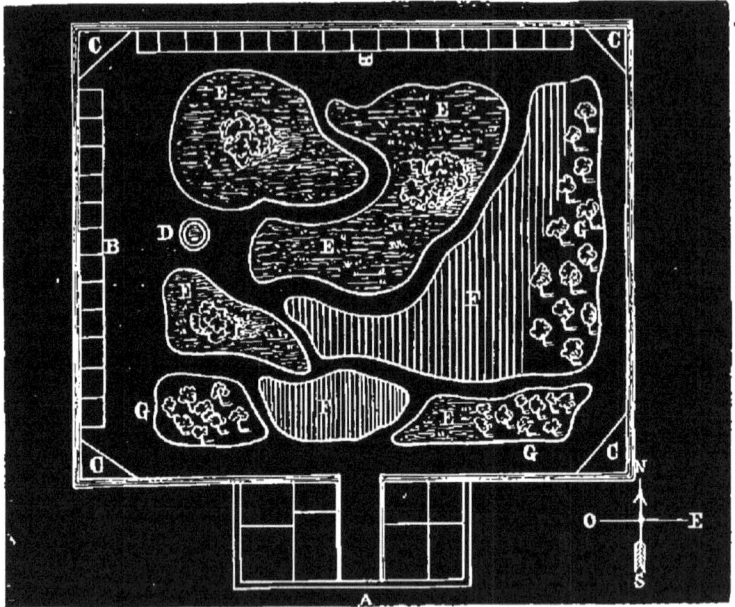

Fig. 17. Clapier libre avec maison d'habitation ou de garde.

A. Habitation du propriétaire ou du garde;
B. Cases à nichées;
C. Hangars avec râteliers;
D. Abreuvoir;
EE. Gazons;
FF Cultures à la bêche;
GG. Bois taillis.

sol, garnies de litières, à porte d'entrée un peu étroite, mais avec une petite cheminée d'aération

raversant la toiture et se recourbant pour aboutir au
lehors. La toiture elle-même est faite de planches

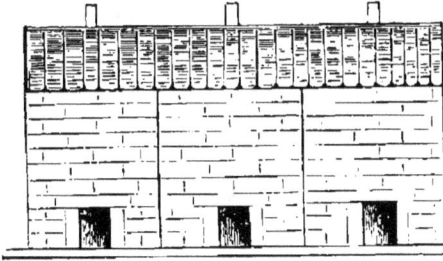

Fig. 18. Cases à nichées, vues de face.

ecouvertes de carton bitumé ; le plancher est asphalté
ivec pente en avant vers la porte. Il serait préférable

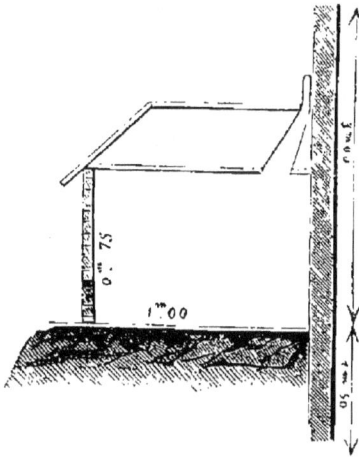

Fig. 19. Cases à nichées (Coupe).

ncore, pour le service et la surveillance, d'avoir une
oiture inclinée formant volets à charnières, et qu'on
pourrait soulever pour enlever le fumier et faire les
itières. Dans chaque angle de murs est installé un

petit hangar sous lequel sont placés des ràteliers à
augettes semblables à ceux que nous avons indiqués
pour les garennes fermées et servant à distribuer les
aliments. Dans un endroit fort accessible du clos,
non loin des cases à nichées, est construit un petit
bassin en ciment ou béton, à bords presque plats,
profond de 0^m06 à 0^m08 seulement au milieu, qu'on

Fig. 20. Cases à nichées avec
couvercle. (Coupe.)

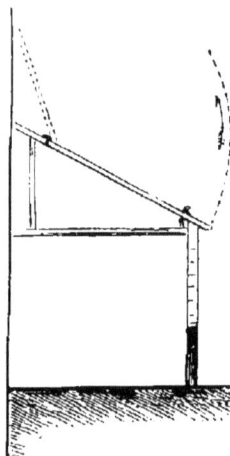

Fig. 21. Cases à nichées
avec couvercle, vues de face.

entretient toujours rempli d'eau pure et qui sert
d'abreuvoir. Enfin, le terrain est employé, partie en
gazon, partie en bois taillis et partie en culture à la
bêche, d'avoine, seigle, luzerne, sainfoin, carottes,
betteraves, choux, etc. Il est inutile de dire que ces
cultures sont exclusivement destinées aux habitants
du clapier, qui y taillent et rognent à discrétion ; que
d'un autre côté on exerce une surveillance assidue
contre les maraudeurs à deux et à quatre pattes ;

qu'on fait une chasse à mort aux chats, rats, fouines, putois, pies, corbeaux, etc.; que d'ailleurs le chapeau des murs a été garni de verres cassés.

Toutes les allées seront abondamment recouvertes de sable fin; s'il est possible, que quelques grands arbres ombragent les pelouses; que les taillis soient bien garnis et buissonneux; qu'en tous cas, le sol soit exempt d'humidité, même en hiver. Quoique mis en liberté, les lapins ne s'effaroucheront que peu aux allées et venues de la personne chargée de les surveiller et soigner, mais il est indispensable que ce soit toujours la même. A des heures régulièrement observées, le matin et le soir, elle apportera sous les hangars le fourrage vert ou sec, le grain, la farine, le son, etc., indispensables à la nourriture de la population; elle surveillera les nichées, enlèvera le fumier des cases, veillera au bassin d'eau, observera l'état de santé et d'embonpoint général, remédiera aux tentatives d'évasion, aux dégâts anormaux s'il s'en produisait; tiendra note autant que possible du chiffre variable de la population.

Trois fois par an, une battue faite par quatre ou cinq hommes fera rentrer tous les lapins dans les nichées; c'est alors qu'on prendra les mères trop âgées pour les mettre en état et les vendre, qu'on s'emparera des jeunes mâles pour les hongrer, ceux destinés à la reproduction étant mis à part, et des jeunes femelles destinées à l'engraissement ou à la vente; on remplacera le ou les mâles devenus trop âgés, et qui doivent porter au cou un petit grelot afin qu'on

6

soit averti au besoin de leur présence et de leurs faits et gestes.

Si nous supposons un terrain d'une superficie de 75 ares, disposé comme il a été dit ci-dessus, nous y pourrons placer un mâle et quinze femelles ; celles-ci, en six portées par an de huit petits chacune, produiront ainsi sept cent vingt lapereaux ; admettons, ce qui est beaucoup si on suit dans ces circonstances les conditions d'hygiène indiquées, une mortalité de 10 pour 100, il restera six cent quarante-huit produits à vendre à l'âge adulte. Ajoutons que toutes les races se soumettent facilement à ce régime, même celles à fourrure ; mais toutes, bien entendu, ne feront pas preuve de la même fécondité, inconvénient qu'elles compenseront par d'autres avantages.

Le *clapier forcé ou fermé* est celui dans lequel les animaux sont complétement privés de leur liberté ; renfermés en cabanes, ayant même très-rarement, ce qui est regrettable, une petite cour pour s'ébattre. On conçoit que les conditions d'hygiène acquièrent ici plus d'importance encore, et que le problème se complique avec le chiffre croissant de la population.

Le clapier peut s'établir partout, aux conditions suivantes : présenter une superficie suffisante quant au nombre d'animaux qu'on y veut élever ; être protégé par des murs assez hauts contre le vent froid du nord et contre la pluie de l'ouest ; offrir quelques abris protecteurs contre le soleil ardent du midi. De même que dans le clapier libre, il faudra prendre toutes les précautions contre les maraudeurs et les bêtes puantes. Le sol sera ou pavé ou recouvert d'une épaisse couche de gravier; on aura soin de ménager partout un prompt et facile écoulement ·aux eaux de pluie et de fumiers; enfin, ceux-ci seront, aussitôt extraits des loges, transportés dans un enclos séparé ou sur des terres en culture.

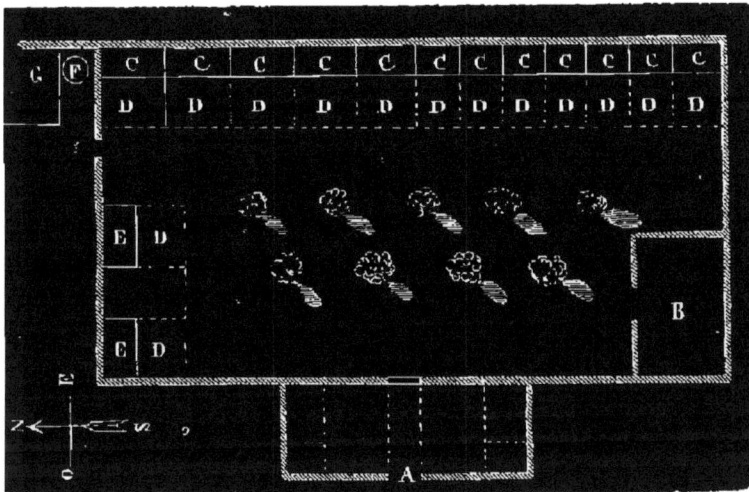

Fig. 22. Clapier fermé.

A. Maison d'habitation;
B. Chambre à grain et à fourrage;
CCC. Loges pour mères et élèves;
DD. Cours précédant les loges;
EE. Mâles, cases d'accouplement;
F. Citerne pour les urines;
G. Tas de fumier en confection

Contre le mur exposé au levant, on installera une plate-bande bitumée ou faite de ciment Coignet, avec pente suffisante à l'écoulement des urines, qui tomberont dans une petite rigole destinée à les rassem-

bler et à les emmener au dehors ; là, elles seront
reçues dans une petite citerne, d'où on les puisera
pour arroser le tas de fumier placé à côté. C'est sur
la plate-forme dont nous venons de parler que l'on
installera les cases, qui peuvent être fort différentes
quant à la dimension, à l'aménagement, aux maté-
riaux, à la disposition générale, mais devront toujours être précédées d'un petit enclos, d'une petite
cour, dans laquelle les captifs seront admis à se promener, à respirer à certains jours, à certaines heures, sinon à discrétion.

On pourrait adopter encore une autre disposition
imitée de nos prisons cellulaires, et où les loges
placées au centre, affectant une disposition circulaire, seraient précédées de petites cours rayonnant
vers la circonférence ; ou enfin une disposition circulaire encore, mais inverse et dans laquelle les
loges seraient placées à la circonférence, et où les
cours rayonneraient vers le centre ; cette dernière
donne des logements plus confortables et un service
plus facile. Avec la disposition centrifuge, les cours
se développent aux dépens des loges moins spacieuses ; c'est l'inverse avec la disposition centripète.

M. Roux, ancien président de la Société d'agriculture d'Angoulême, possède à Bardines, près de
cette dernière ville, un clapier important, dans lequel il a adopté la disposition suivante : Les loges
sont placées sous un hangar, laissant entre elles
et le mur un large couloir de service ; dans ces loges
sont placées les mères ; les élèves sont élevés en
commun dans un vaste compartiment grillagé, situé

à l'une des extrémités du clapier, et y restent jus-

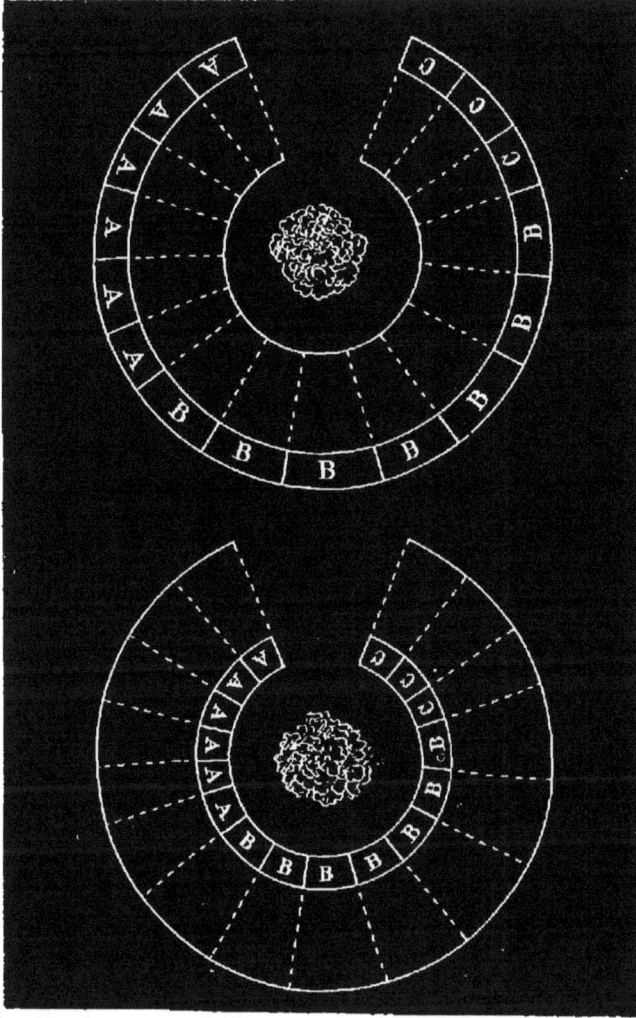

Fig. 23. Clapier circulaire.   Fig. 24. Clapier circulaire.
AA. Loges pour les mères; — BB. Loges d'élevage; — CC. Loges pour les mâles.

qu'à l'âge de la vente ou jusqu'à celui où ils sont
admis à la reproduction.

6.

Passons maintenant aux détails de construction et d'aménagement des loges. Le plus souvent, ce sont des cases de forme rectangulaire en bois ou brique, sans autre mobilier qu'un râtelier et une augette, encore ne les y rencontre-t-on pas toujours. M. Roux a perfectionné et complété ce système, mais en augmentant le prix de revient de la case, un peu élevé peut-être : elle a 1 mètre de profondeur et 0^{m}75 de largeur sur 0^{m}70 de hauteur ; mais il y a pratiqué une niche à demeure qui sert de râtelier et de refuge, mesure 0^{m}45 de longueur, 0^{m}25 de largeur et 0^{m}35 de hauteur, est percée d'une entrée de 0^{m}15 de large, et porte au plafond une porte à claire-voie ; dans la case, mais en dehors de la niche, il place encore une augette pour les boissons et une autre pour les grains et farines ; de sorte que l'espace libre se trouve singulièrement restreint ; avec cette installation, la case devrait présenter une surface d'au moins 1 mètre carré. Cette idée de la niche dans la case est d'ailleurs commune à M. Roux et au R. P. Alexis Espanet, qui conseille d'avoir des boîtes à nicher ainsi construites : elles ont 0^{m}30 carrés, n'ont pas de fond, mais ont un dessus et n'ont que trois côtés ; une ouverture de 0^{m}15 de diamètre sert à l'entrée et à la sortie ; le dessus est mobile à l'aide de charnières et sert de couvercle. Quand la lapine manifeste l'intention de faire son nid, on place cette niche dans sa loge, en l'appuyant contre l'une des parois par son fond vide ; elle s'en empare aussitôt. Nous ne saurions approuver cette installation, qui, si elle a l'avantage de mieux garantir les lapereaux du

froid, les confine eux et leur mère dans une atmosphère viciée et non renouvelable. Nous nous sommes
toujours très-bien trouvé des loges spacieuses, bien
garnies de litière, au milieu
de laquelle la lapine établit
son nid ; nous nous bornons
à garantir la nouvelle famille
du froid en hiver, de la chaleur en été, à l'aide de toiles
ou de paillassons.

Un éleveur de lapins qui
possédait un clapier important à Paris, près de la bar-
rière du Trône, employait
comme cases de vieux ton-
neaux, qu'il couchait sur
des chantiers, la bonde en
bas ; l'un des fonds était enlevé et servait à faire un
plancher ; il était remplacé
par une porte grillagée en
bois ; l'intérieur était garni
d'un râtelier à balance et
d'une augette. Une rigole
recevait l'urine s'écoulant
par la bonde et la condui-
sait au loin. M. Eug. Gayot a
perfectionné ce système en
perçant une porte dans cha-

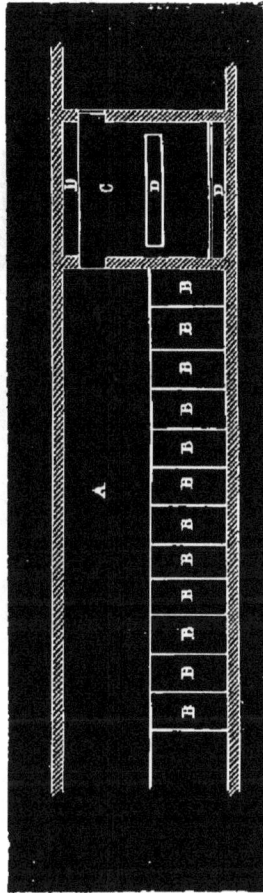

Fig. 25. Clapier de M. Roux, à Bardines, près d'Angoulême.
A. Corridor de service ; BB. Loges
des mères ; C. Loge commune d'é-
levage ; DD. Râteliers.

que fond du tonneau, et en le divisant en deux
chambres, dont la plus petite sert à la fois de râte-

lier et de passage; une trappe, percée au sommet, permet de distribuer le fourrage dans le râtelier; un levier à coulisse donne la faculté d'interdire la communication entre les deux chambres. Un tonneau d'un muids (750 litres environ) peut servir au logement d'une nichée de dix lapereaux; une bordelaise

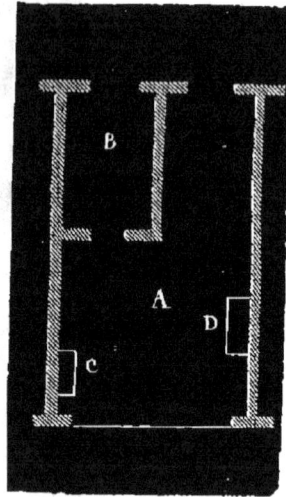

Fig. 26. Case du clapier de M. Roux.

A. La case;
B. La niche-râtelier;
C. Auge pour l'eau;
D. Auge pour grains et farine.

(220 litres) forme une habitation suffisamment spacieuse pour une mère. Il est bien entendu que ces tonneaux peuvent être placés les uns à côté des autres sous un hangar léger, recouvert en carton bitumé. Quand on veut nettoyer, on se sert d'un râble plat d'une face, arrondi de l'autre, et on fait

lternativement passer les animaux d'un comparti-
nent dans l'autre.

Mais les dimensions des cabanes doivent varier
uivant l'âge, le sexe et la destination des habitants.
La loge du mâle doit être aussi spacieuse que pos-
ible, et circulaire plutôt que rectangulaire ; pour

Fig. 27. Case à niche de M. Roux.

lui, une surface de 1ᵐ 50 carrés n'est pas de trop.
Pour les mères portières, 1 mètre carré est suffisant,
si on leur enlève les petits dès le sevrage. Quant aux
lapereaux, nous ne saurions trop conseiller de les
séparer par sexes et par âges en aussi petit nombre
qu'on le pourra ; ce sera une dépense un peu plus
considérable en logements, il est vrai, mais on la

regagnera promptement par un moindre gaspillage
de la nourriture, par un accroissement plus rapide
des animaux, par une réussite plus égale et plus
certaine des portées entières. Plus les lapereaux sont
nombreux dans une case, et plus sa superficie doit
être relativement grande. Enfin, pour les animaux à
l'engrais, les conditions sont différentes ; à ceux-là,

Fig. 28. Boîte à nicher du P. Espanet.

il faut supprimer toute déperdition inutile, tout
exercice : l'espace doit donc être restreint au strict
nécessaire ; d'autant plus qu'il leur faut une atmosphère légèrement chaude et humide, ni trop élevée
ni trop basse, un repos complet, un calme et une
quiétude parfaits.

Nos rongeurs oisifs respectent peu en général le
mobilier et les parois en bois de leurs loges; il est
prudent, pour éviter les dégâts, de frotter les râte-

ers, auges, augettes ainsi construits, avec de l'é-
orce de coloquinte (*Cucumis Citrullus* ou *citrullus
olocynthosis*), plante douée d'une extrême amer-
ume et d'énergiques propriétés purgatives. Il est à
. fois plus prudent et plus économique, croyons-
ous, d'employer les briques sur champ ou sur plat
la construction des loges, et le fer pour les râte-

Fig. 29. Tonneau-cabane.

iers ; les auges et augettes en pierre creusée seront
oréférées aussi à celles en planches, souvent renver-
ées avec leur contenu pendant les ébats des captifs.
Suivant l'âge des animaux que doit contenir la ca-
oane, le treillage en fil de fer, si on l'emploie, de-
ra varier de 0^{m}02 à 0^{m}03 de vide en carré, c'est-à-
lire qu'il sera plus fin pour les loges des mères,
olus gros pour celui des élèves et des mâles, assez
serré en tout cas pour en interdire l'accès aux chats,
oelettes, rats, et autres maraudeurs diurnes et noc-
urnes.

M. Roux et M. Gayot insistent avec raison sur l'opportunité d'établir les plafonds à jour, soit en treillages de fil de fer, soit en baguettes de bois grillagées; en effet, le lapin, habitué à la vie en plein air, accoutumé à respirer librement et à pleins poumons, réclame indispensablement une aération suffisante, et quand il est bien nourri, et hors les cas de mise bas, ne souffre point du froid; il est facile d'ailleurs d'en garantir les mères et leur jeune portée au moyen de toiles ou de paillassons. Quant au plancher, on se trouvera bien de l'établir en briques jointoyées au ciment, mieux encore au bitume ou au ciment Coignet, avec une légère pente du fond vers le devant, et une rigole construite de même, parcourant le devant des loges et conduisant les urines dans un réservoir commun et assez éloigné afin de les employer à la confection des fumiers. Ces fumiers seront enlevés fréquemment de chaque loge, plus souvent pourtant en été qu'en hiver, tous les deux ou trois jours pendant la première saison, tous les huit à dix jours seulement dans la seconde; vers la dernière période de gestation des femelles, huit à dix jours avant le part, leur loge doit être nettoyée à fond et garnie d'une litière abondante et propre. La meilleure de ces litières est la paille de blé, battue au fléau ou à la machine, puis celle d'avoine; on doit rejeter les pailles d'orge, de sarrasin, de maïs, etc.; les pailles de blé barbu ne sont pas moins dangereuses, à cause de leurs glumelles aristées.

§ 8. — Nourriture.

Nous savons que le lapin respire activement, et
que chez lui le sang circule avec une grande rapi-
dité, qu'enfin il brûle beaucoup, relativement à son
poids, pour entretenir la température de son corps ;
il en résulte que sa ration d'entretien (la quantité
d'aliments nécessaire à la réparation stricte de ses
pertes en combustion, exhalation, mouvements, etc.,
sans accroissement ni diminution du poid vif) est
très-élevée. Le lapin est donc un grand mangeur ;
mais aussi tout ce qu'on lui donne à consommer, au
delà de sa ration d'entretien, constitue une ration
de production qui est beaucoup plus rapidement et
bien plus complétement assimilée que chez des animaux de plus grande taille, comme le mouton et le
bœuf par exemple. C'est pourquoi le lapin est, avec
la petite volaille, notre producteur de viande le plus
économique. En effet, tandis qu'il faut en moyenne
23 kilogr. de foin ou l'équivalent pour produire
chez un bon bœuf une augmentation de 1 kilogr. de
poids vivant, il n'en faut qu'environ la moitié pour
produire le même résultat chez le lapin de race
ordinaire.

De ce que le lapin est grand mangeur, il ne s'ensuit pas qu'il soit glouton, ni qu'il accepte toute espèce de nourriture ; il est d'un côté très-délicat et de
l'autre très-gaspilleur. Il trie et choisit les plantes
vertes, les éparpille, mange d'abord celles qui lui
conviennent le mieux, marche, piétine sur les au-

tres, qui sont perdues dès lors et qu'il ne consomme plus. De même que le lapin sauvage, il ne se nourrit guère que de plantes vertes, mais de celles qui sont le moins aqueuses, et les unes amères, les autres toniques ; ce n'est que poussé par la faim qu'il consomme les choux, les navets, les pommes de terre, l'herbe des haies ou des vergers, le foin sec de prairies naturelles ou artificielles.

Une alimentation trop aqueuse, une nourriture composée de plantes renfermant une grande quantité d'eau de végétation, comme les choux, la betterave, etc., développe, chez les jeunes lapins surtout, mais aussi chez les adultes, une hydropisie à laquelle on donne le nom de gros ventre ; l'animal atteint est à peu près incurable. Le résultat est bien plus prompt et plus assuré encore lorsqu'on donne des fourrages mouillés de pluie ou de rosée avant qu'ils ne soient séchés. Il est donc indispensable de faire un choix attentif parmi les herbes spontanées qu'on recueille dans les champs, et d'autant plus qu'un assez grand nombre peuvent être vénéneuses ; et aussi de ne cultiver à l'intention du clapier que des plantes sapides, savoureuses, alimentaires ou toniques ; de les laisser sécher lorsqu'elles ont été mouillées et un peu flétrir par tous les temps ; enfin, de les distribuer par petites portions successives dans des râteliers qui s'opposent au gaspillage.

Parmi les plantes spontanées qu'on peut recueillir dans les champs, les vignes ou les prés, citons : les laitrons (*sonchus*), des champs (*arvensis*), lait d'âne, liarge, palais de lièvre (*oleraceus*) ; le pissenlit

leontodon taraxacum ou *taraxacum dens leonis*);
e salsifis des prés, barbe de bouc, ratabout (*trago-
ogon pratensis*); la scorzonère sauvage (*scorzonera
umilis*); la chicorée sauvage (*cichorium intybus*);
es seneçons (*senecio*), vulgaire (*vulgaris*), de Ja-
:ob, herbe dorée, fleur de Saint-Jacques (*jacobœa*);
'achillée, millefeuille, saigne-nez, sourcils de Vénus
millefolium); toutes de la famille des Composées.
-cs anthyllides vulnéraire (*anthyllis vulneraria*) et
les montagnes (*montana*); les lotiers (*lotus*), cor-
iiculé (*corniculatus*), velu (*hirsutus*); les luzernes
medicago), lupuline (*lupulina*), faucille (*falcata*),
achetée (*maculata*), cultivée (*sativa*); les trèfles
trifolium), des champs (*agrarium*), couché (*pro-
umbens*), filiforme (*filiforme*), fraisier(*fragiferum*),
ampant ou blanc, trifolet, trainelle (*repens*), des
irès (*pratense*), pied de lièvre (*arvense*); les méli-
ots (*melilotus*), blanc (*albus*), officinal (*officinalis*);
e galega, rue de chèvre, lavanère (*galega officina-
is*); le sainfoin, esparcette, foin de Bourgogne (*ono-
'rychis sativa*); l'ornithopus pied d'oiseau (*orni-
hopus perpusillus*); les gesses (*lathyrus*), sans
cuilles (*aphaca*), annuelle (*annuus*), tubéreuse ou
;land de terre (*tuberosus*), des prés (*pratensis*),
ierpétuelle ou à larges feuilles (*latifolius*); les vesces
vicia), jaune (*lutea*), hybride (*hybrida*), des haies
sepium), craque (*cracca*); toutes de la famille des
.égumineuses ou Papilionacées. Le pavot coqueli-
ot des champs (*papaver rhœas*), tant qu'il n'est pas
leuri, parce qu'il devient alors vénéneux, de la fa-
nille des Papavéracées. Les liserons (*convolvulus*),

des haies (*sepium*), des champs, vrillet, clochette
(*arvensis*), de la famille des Convolvulacées. Le sarrasin des oiseleurs (*polygorum aviculare*), renouée,
traînasse, herbe à cochons, herbe aux panaris, de
la famille des Polygonacées. La mauve à petites
fleurs (*malva parviflora*), et celle à feuilles rondes
(*rotundifolia*), de la famille des Malvacées. La pimprenelle, petite pimprenelle (*poterium sanguisorba*),
la sanguisorbe (*sanguisorba officinalis*), de la famille
des Sanguisorbacées. La ronce sauvage (*rubus fruti-
cosus*), de la famille des Rosacées. Le genêt velu
(*genista pilosa*), l'ajonc (*ulex europæus*), de la famille des Papilionacées. Enfin, les fruits du pom-
mier, du poirier, etc., les pepins de pommes provenant du marc de cidre, les pepins du raisin extraits
du marc après la fabrication du vin, les tourteaux
oléagineux de colza, lin, noix, etc., etc.

Pour l'hiver, et comme fourrages secs, les ramées
ou feuillards de tilleul, d'orme, de frêne, de saule,
d'érable, de hêtre, de charme. Comme assaisonnements ou condiments, fortifiants ou toniques, le
persil, le fenouil, l'anis, la coriandre, le thym et le
serpolet, le céleri, le fenugrec, etc.

On peut cultiver spécialement pour les lapins
composant un clapier un peu important : comme
fourrages verts : toutes les céréales de la famille des
Graminées, le maïs et le millet, mais non le sarrasin ni le sorgho, qui est vénéneux avant d'avoir
fleuri ; tous les trèfles et les luzernes ; les vesces,
gesses et pois ; les choux pommés, branchus, etc.,
à condition de n'en donner qu'en petites quantités ;

la chicorée sauvage améliorée ; comme racines pour le régime d'hiver : les panais, la carotte, le topinambour, la betterave et les pommes de terre, qui ne doivent être données que cuites. Comme grains à donner en farines : le blé, l'orge, la féverole, le maïs, le sarrasin ; à donner entiers, l'avoine. Comme rafraîchissant et absorbant l'eau de végétation des racines, les sons de blé, gros et petit.

Sont vénéneuses pour les lapins : la laitue vireuse, laitue pavot (*lactuca virosa*), le pavot coquelicot, dès qu'il se dispose à fleurir (*papaver rhœas*) ; la cicutaire ou ciguë vireuse, grande ciguë, ciguë aquatique (*cicuta virosa*), la bryone dioïque, racine de couleuvrée, navet de diable (*bryonia dioïca*) ; la belladone, bouton noir, belle-dame (*atropa belladona*) ; les jusquiames (*hyoscyamus*), noire (*niger*) et blanche (*albus*) ; la stramoine, pomme épineuse, herbe du diable, endormie commune (*datura stramonium*) ; l'aconit napel (*aconitum napellus*) ; la plupart des renoncules, et surtout la flammule ou petite douve (*ranunculus flammula*) ; la petite ciguë ou œthuse (*œthusa cynapium*), et la plupart des plantes vénéneuses pour l'homme et les animaux, et que les lapins mangent parfois lorsqu'on les leur donne mêlées à d'autres herbes, leur instinct primitif s'étant émoussé ou perverti, ou étant pressés par la faim.

La culture faite pour les lapins doit être combinée en vue de leur fournir, durant toute l'année, pendant toutes les saisons, le régime vert à l'aide des fourrages ou des racines ; le grain, les farines, le son, seront employés à propos pour modifier ce que les régimes d'hiver ou d'été peuvent avoir de trop échauffant ou de trop relâchant; enfin, les condiments seront donnés de temps en temps, selon les besoins, et non pas d'une manière régulière et continue.

Dans l'alimentation de toute espèce de bétail, il y a des principes généraux dont on ne doit point se départir; voici les plus importants en ce qui regarde notre petit rongeur :

1° Le régime doit être aussi varié que possible, c'est-à-dire qu'on doit souvent changer la nature, l'espèce des fourrages consommés, faire, par exemple, succéder le trèfle à la luzerne, et le sainfoin au trèfle, le panais à la carotte et le topinambour au panais, la farine de féverole à celle de l'orge ou celle de maïs à celle de blé. Il est facile d'expliquer cette urgence en rappelant que le corps des animaux se compose de tissus ayant une composition très-variée, que ces tissus doivent constamment être entretenus et réparés, et que leurs éléments ne peuvent être tirés que du sang, lequel a pour origine les aliments consommés; il faut donc varier la nourriture, toutes les plantes ne contenant pas les mêmes principes en proportions semblables, et l'alimentation devant fournir à l'entretien ou à l'accroissement du corps, à ses fonctions et aux diverses sécrétions.

2° De ce premier principe découle encore celui-ci, plus immédiat, que la ration ou le repas doivent être composés du plus grand nombre possible d'aliments; plus la ration est composée et variée, plus

l'animal consomme (ce qui est tout profit), mieux
il digère, plus il augmente en poids ou plus il fournit de produits. Ceci est important, surtout avec le
lapin qui se montre très-délicat, se blase très-rapidement, gaspille alors et profite peu ou pas.

3° Les repas doivent être donnés à des heures
régulièrement fixées, toujours les mêmes, ponctuellement suivies ; l'animal qui attend son repas et
dont l'estomac sonne creux, s'inquiète, se tourmente, s'agite, ce qui est autant de causes de dé-
perditions inutiles. Ce principe a pour le lapin une
importance capitale : pour domestiqué qu'il soit, il
n'en a pas moins conservé en partie les habitudes
de ses sauvages ancêtres ; or, ainsi que nous l'avons
déjà fait remarquer, le lapin sauvage est un animal
nocturne ; c'est, le matin, au point du jour, de onze
heures du matin à une heure de l'après-midi, qu'il
sort de son terrier pour aller à la pâture ; puis le
soir, environ une heure avant le coucher du soleil.
Imitant la nature, il est donc bon de donner trois
repas par jour : le premier, au point du jour en
toutes saisons ; le second, à onze heures du matin ;
le troisième, un peu avant le coucher du soleil ;
c'est surtout la nuit que le lapin mange, le repas du
soir doit donc être le plus abondant.

4° Tous les aliments ne conviennent point aux
diverses phases de l'existence, tous ne favorisent
point également toutes les aptitudes ni toutes les
fonctions. Il s'ensuit que la nourriture des mâles
doit différer de celle des femelles en gestation, de
celles nourrices, des jeunes lapereaux et des lapins

à l'engrais. C'est un point sur lequel nous croyons devoir entrer dans quelques détails.

Le mâle reproducteur doit être entretenu en bon état, mais non gras; il doit conserver l'énergie, la vitalité, la fécondité de l'espèce : pour lui, régime vert, composé de plantes nutritives et excitantes, comme laiterons, avoine en vert, sainfoin, luzerne, maïs, liserons, etc.; puis persil, avoine, pain. Les femelles ne doivent point non plus être poussées à l'engraissement; les lapines grasses font peu de petits et ont peu de lait; la chicorée sauvage, les laiterons, les feuilles et racines de carottes, la luzerne, le sainfoin, etc., leur conviennent parfaitement, et, en l'absence de grains, n'auront pas l'inconvénient que nous recommandons d'éviter. Quant aux lapines nourrices, il faut favoriser chez elle l'abondance et la qualité de la lactation : donc, régime vert, composé d'excellents fourrages, additionnés de farines d'avoine, d'orge ou de sarrasin. Enfin, les lapereaux, dès le sevrage, recevront de l'herbe choisie jusqu'à ce que leur développement soit complet tout au moins, et seront mis ensuite au régime des mâles ou à celui des mères, suivant le sexe, ou bien au régime d'engraissement pour la vente. Il y a herbes et herbes, comme il y a fagots et fagots; les unes sont débilitantes, à cause surtout de la forte proportion d'eau qu'elles renferment dans leurs tissus, comme le chou, le navet, la pomme de terre, etc.; d'autres qui sont plus nutritives et plus hygiéniques à poids égal, comme la pimprenelle, la chicorée sauvage, le salsifis des prés, etc.; d'autres enfin qui sont stimulantes, excitantes, toniques, comme le fenugrec, le persil, etc. Le régime vert est favorable à la lactation, à l'élevage, quand il est joint à des grains et à des tourteaux, à l'engraissement quand il est additionné de farines ; le régime sec ne doit être employé pour le lapin qu'à défaut de vert et pendant la mauvaise saison seulement ; il se compose de foin de prairies naturelles ou artificielles, de ramées ou feuillages d'orme, de saule, de peuplier, etc.

D'un autre côté, le lapin s'habitue promptement à l'alimentation qu'on lui donne, c'est-à-dire que, s'il y est accoutumé dès sa première jeunesse, il s'accommodera d'épluchures de pommes de terre, de feuilles de chou, d'herbes communes des jardins et de presque toutes sortes de plantes. Mais s'il a été, pendant un temps, nourri d'aliments plus succulents, il dédaignera les autres et attendra d'être pressé vivement par la faim pour y toucher. Mais que l'éleveur soit bien convaincu que nul animal ne lui donnera plus de profit, ne payera mieux ses soins et son fourrage que celui qui aura été rationnellement et abondamment nourri, pendant toutes les phases de son existence, avec d'excellents aliments.

Nous avons vu qu'il était important de préserver par l'usage de râteliers la nourriture des lapins du gaspillage ; de même aussi par celui des augettes fixes pour les grains et farines. Ajoutons qu'on ne doit point remplir à nouveau râteliers et augettes sans avoir préalablement enlevé les restes du repas précédent et nettoyé ces ustensiles ; qu'il n'y faut

7.

placer à chaque repas que la quantité qu'on suppose
devoir être consommée pendant ce repas, assez,
mais non trop, le trop serait perdu ; que la plus
grande propreté doit présider à la préparation des
aliments ; ainsi l'herbe terreuse, les fourrages pous-
siéreux seront lavés d'abord, puis séchés avant d'être
donnés ; les aliments seront aussi peu maniés que
possible pourtant, afin qu'ils ne s'imprègnent point
de l'odeur des mains ; on ne les mettra point en
contact avec le fumier ou autres substances en fer-
mentation.

Pour fixer les idées de l'éleveur, nous lui donne-
rons ici quelques exemples de rations avec divers
régimes secs et verts ; ce sera à lui de faire varier,
suivant les circonstances dans lesquelles il se trouvera, et suivant le but qu'il veut atteindre, non-seulement le chiffre, mais encore la nature des aliments fournis par la saison, le climat et le sol :

Poids vif, moyen et sexe.	ÉLEVAGE	BOUQUIN	LAPINE.	
	1 ko 250.	3 ko 500.	3 kos.	
	kilogr.	kilogr.	kilogr.	
Fourrages verts di- vers.	0.400	0.650	0.650	régime d'été.
Son.	0.040	0.050	0.030	
Avoine en grains.	0.016	0.015	»	
Farine d'orge. . .	»	»	0.025	
Fourrages secs di- vers..	0.100	0.150	0.150	régime d'hiver.
Racines diverses. .	0.080	0.150	0.200	
Son.	0.030	0.040	0.030	
Farine d'orge. . .	»	»	0.025	
Avoine en grains.	»	0.015	»	

Il est bien entendu que dans l'élevage en petit les sarclures de jardin, les épluchures du ménage, les herbes recueillies par les enfants et les vieillards dans les haies et le long des chemins, les restes des repas même de la famille peuvent économiquement prendre place dans l'alimentation des lapins ; dans un clapier un peu nombreux, l'économie veut qu'on cultive spécialement les plantes nécessaires, afin d'éviter d'immenses frais de cueillette, et d'assurer des ressources en toutes saisons et par tous les temps.

§ 9. — Boissons.

Un certain nombre d'éleveurs ne donnent jamais à boire à leurs lapins ; d'autres veulent, au contraire, que l'eau soit constamment mise à leur disposition ; ce sont là, croyons-nous, deux exagérations ; le lapin boit plus ou moins suivant qu'il fait chaud ou froid, sec ou humide, suivant surtout la proportion d'eau de végétation contenue dans ses aliments. La soif lui cause, comme à tous les animaux, une terrible souffrance qui nuit à sa santé, à son développement, à son produit en un mot ; mais l'excès d'eau n'a point des effets moins funestes, qu'elle ait été donnée dans les aliments ou en dehors de la ration, en débilitant l'animal, en ramollissant tous les tissus, en développant un état cachectique, qui devient bientôt l'hydropisie et entraîne la mort. Nous avons toujours préféré introduire l'eau dans l'économie avec les aliments, plutôt que de la donner à l'état naturel ; il nous est plus facile ainsi de rationner le liquide et de maintenir l'équilibre : l'été, en adjoignant aux fourrages verts du son qui absorbe une partie de leur humidité ; l'hiver, en complétant la ration de fourrages secs par des racines fraiches et plus ou moins aqueuses.

Un seul cas fait exception suivant nous : c'est l'époque du part pour la lapine ; à celle-ci, quelques jours avant cette époque et durant les trois ou quatre jours qui suivent, nous donnons l'eau en permanence pour qu'elle puisse calmer la fièvre et afin d'éviter l'assassinat possible par elle de ses petits. Hors ce cas, nous le répétons, il nous semble logique, et nous nous sommes toujours bien trouvé de donner l'eau avec et par les aliments.

§ 10. — CONDIMENTS.

On appelle condiments ou assaisonnements certaines substances destinées à ajouter à la saveur des aliments et à stimuler les fonctions digestives. De ces substances, les unes sont des aliments, comme l'ail, le cresson, le persil, le thym, le serpolet, la chicorée sauvage, etc.; les autres, comme le sel, le poivre, le sulfure d'antimoine, sont simplement des excitants destinés à agir sur la muqueuse digestive. Mais il faut bien savoir que l'organisme animal s'accoutume à tout après un temps plus ou moins long, et que si l'on fait constamment usage de condiments, ils perdront en grande partie leur action. D'autant plus utiles que l'alimentation est plus mauvaise, ils perdent d'ailleurs une partie de leur importance quand le régime est bon. Employons-les donc à des intervalles irréguliers, d'autant plus rapprochés que les aliments consommés sont plus aqueux, de moins bonne qualité, d'autant plus éloignés que l'alimentation est plus sèche et meilleure.

Quant au sel marin (chlorure de sodium), recommandé par plusieurs auteurs pour les lapins, nous croyons qu'il est parfaitement contre-indiqué ici ; il a pour effet d'augmenter la soif et de favoriser par conséquent l'hydropisie ; nous le considérons au moins comme inutile aussi bien avec le régime sec qu'avec le régime vert, aussi bien pour l'engraissement que pour l'élevage. Si les lapins sauvages du littoral de nos mers offrent une chair plus parfumée, est-il bien certain qu'ils le doivent au sel absorbé ainsi avec les aliments, ou aux plantes qu'ils consomment et qui végètent dans ces conditions particulières ? Est-il bien certain que le sel ajouté en nature à la ration produise le même effet d'ailleurs que le régime aux plantes salées?

Nous pensons pouvoir affirmer qu'un lapin bien nourri, recevant du grain d'avoine, des farines, de bons fourrages verts, et de temps en temps du persil, fenouil, anis, céleri, angélique, etc., n'a nul besoin de sel; et nous considérons ce condiment comme nuisible à ceux qui sont mal nourris et inutile à ceux qui le sont bien.

§ 11. — Élevage.

Revenons à l'éducation des lapereaux que nous avons vus naître (§ 3). Venus au monde sans poils, à peine recouverts d'un léger duvet, ils sont beaucoup plus frileux que les levreaux. Il faut donc que la loge de la mère soit fraîche en été et chaude en hiver, qu'on puisse y maintenir régulièrement la température entre 10° et 15° cent. On y parvient au moyen des abris, de l'ombre et de la ventilation en été; par l'exposition au sud, les abris et l'abondance de la litière, en hiver : abris contre le soleil, abris contre le vent, rideaux d'arbres ou d'arbustes, paillassons, volets pleins, toiles ou murs; la ventilation de la loge pourra être augmentée ou modérée, mais jamais supprimée complétement.

Nous savons déjà que le sevrage s'opère par la mère elle-même vers l'âge d'un mois; quand la portée est nombreuse, on pourra, vers le vingt-cinquième jour, en retirer quelques petits, les plus forts, les isoler et les bien nourrir; les plus faibles, au contraire, seront laissés avec la mère jusqu'au trente-cinquième et même au quarantième jour, s'il y a lieu; à cette époque la portée entière aura acquis un développement à peu près égal. Plus ils seront divisés, dès lors, et plus ils profiteront; en plus grand nombre ils seront réunis, et moins leur accroissement sera non-seulement rapide, mais surtout égal : les plus forts se feront la part du lion, tandis que les plus faibles n'auront que le rebut et

les restes. Il est donc prudent de séparer les lapereaux en groupes aussi petits que possible, ne réu-
nissant que ceux de même force et de même sexe ;
la réunion par couples aurait souvent pour résultat
des fécondations anticipées ; les mâles même, réunis
se courent, s'épuisent dans des luttes fréquentes, et
ne prospèrent que peu ou même pas.

C'est à l'âge de six mois environ qu'il faut choisir
les reproducteurs dont on a besoin pour la remonte
du clapier ; l'élection se fonde sur la précocité
de développement, l'énergie, la conformation,
le pelage, etc. Ceux-là seront dès lors séquestrés et
soumis au régime des mâles reproducteurs, bien
qu'on ne doive pas les admettre définitivement à la
reproduction avant l'âge de huit à douze mois, suivant sa race. Les autres seront castrés, divisés par
groupes, puis engraissés pour la consommation ou
la vente. Il en est de même du choix des femelles
indispensables pour combler les vides qui se sont
produits dans la population et qui seront employées à
la reproduction ; mais jusqu'à ce moment elles peuvent rester réunies au nombre de deux à quatre ; les
autres seront engraissées ou vendues.

La bonne conformation, la réussite ultérieure des
lapins, dépendent surtout de l'alimentation qu'ils
reçoivent pendant la première jeunesse : aussi avons-
nous recommandé de les habituer de bonne heure
à manger pendant l'allaitement, en leur offrant des
aliments appétissants, faciles à mastiquer et à digé-
rer. Le sevrage est toujours pour eux, comme pour
tous les autres animaux, une crise difficile à traver-

ser, et dont beaucoup se ressentent longtemps; il faut donc l'atténuer tant qu'on le peut, par le choix et la qualité, par la nature et l'abondance des aliments qu'on leur offre alors. Avec ces précautions, les lapereaux seront complétement remis après huit à dix jours de privation de leur mère,

Les lapereaux bien nourris croissent rapidement, mais inégalement. Voici les chiffres d'accroissement moyens que nous avons trouvés sur six lapereaux mâles et femelles d'une même portée, et provenant d'un croisement de la race commune avec un mâle demi-lope, en 1869 :

			ACCROISSEMENT
Poids moyen à la naissance.	0kil080		»
A la fin du 1er mois.	0	320	0kil240
---- 2e mois (sevrage). . . .	0	520	0 200
— 3e mois.	0	750	0 230
— 4e mois.	1	000	0 250
— 5e mois.	1	225	0 225
— 6e mois.	1	425	0 200
— 7e mois.	1	625	0 220
— 8e mois.	1	805	0 180
---- 9e mois (engraissement).	2	200	0 395

Mais le poids à la naissance varie avec une foule de circonstances : la race, les parents et l'état d'embonpoint de la mère, le nombre de petits composant la portée, etc.; l'accroissement ultérieur des lapereaux dépendra encore de leur nombre, de l'aptitude laitière de la mère et de l'alimentation qu'elle recevra. Le Père Espanet a trouvé vingt-sept jours après la naissance les poids suivants pour quatre portées : neuf petits d'un poids moyen de 110 grammes chaque ; neuf petits, poids moyen, 240 grammes ; quatre petits, poids moyen, 320 grammes ; deux petits, poids moyen, 411 grammes ; ainsi l'accroissement a été d'autant plus considérable que le chiffre de la portée était moindre, et cela se comprend aisément. Le même éleveur a constaté, dans une portée de dix petits, le poids total de 1 kilogr. 905, mais avec un minimum individuel de 0 kilogr. 112, et un autre maximum de 0 kilogr. 297 au vingt-quatrième jour ; le poids moyen des cinq plus forts de ces lapereaux s'élevait à 0 kilogr. 247.6, le poids moyen des cinq plus faibles descendait à 0 kilogr. 133.8, soit une différence d'environ 47 pour 100.

Nous avons dit déjà que chaque lapine pouvait donner en moyenne six portées en un an (§ 3), de six petits chacune, ou ensemble trente-six lapereaux, dont dix-huit mâles et autant de femelles. Si nous supposons un clapier de dix mères et d'un mâle, ce sera donc trois cent soixante lapereaux par an ; déduisons une mortalité de 5 pour 100, soit dix-huit, et il nous restera trois cent quarante-deux produits, moins trois mères et un mâle pour la réforme, soit net trois cent trente-huit animaux à élever, vendre ou engraisser. L'allaitement durera trente jours en moyenne, la gestation suivante un temps égal, la mère étant remise au mâle quelques jours avant le sevrage définitif, ce qui permet d'obtenir six portées dans l'année sans trop épuiser les mères.

Si l'on a sagement adopté une race un peu précoce, et que l'on nourrisse bien, les lapereaux peu-

veut être avantageusement vendus à l'âge de sept
mois tels quels, ou de huit mois engraissés ; il en
résulte qu'on n'aura jamais à la fois que deux cent
vingt-cinq têtes réparties en quatre-vingt-quatre loges,
savoir :

Deux loges de mâle et élève,

Dix loges de mères,

Trente-six loges de jeunes femelles,

Trente-six loges de jeunes mâles castrés ;

Soit en tout, au maximum, quatre-vingt-quatre
loges ; car une partie de la jeune population tette encore et habite avec la mère ; une autre partie, les
nichées qui quittent le sevrage, peut vivre encore
en commun dans des cabanes spacieuses jusqu'au
troisième mois ; de sorte que depuis ce moment jusqu'à la vente on pourra répartir les animaux deux
par deux dans une loge, en assortissant les sexes,
toutefois et à condition d'avoir castré les mâles. A
l'âge de sept mois nos lapereaux pèseront, tels quels,
environ 2 kilogr. l'un, les mâles un peu plus, les
femelles un peu moins ; à l'âge de huit mois, après
engraissement, ils atteindront le poids moyen de
2 kilogr. 300 environ. Joignons-y chaque année encore la réforme d'un mâle et de trois femelles après
engraissement, ce qui nous donnera le chiffre de
trois cent quarante-deux produits à vendre.

Cependant, nous devons avertir que dans une population aussi nombreuse il y a parfois des mortali-
tés inexpliquées et qui n'en font pas moins de grands
ravages ; aussi est-il prudent d'isoler, de séparer le
plus possible, non-seulement les animaux, mais

aussi les différentes divisions du clapier. Plaçons ici
les loges des mâles; là, celles des mères; plus loin,
celles des jeunes vivant ensemble; ailleurs enfin,
celles des élèves, et dans un dernier emplacement,
celles des lapins à l'engrais; séparons toutes ces divisions par la plus grande distance possible, obser-
vons dans le logement et la nourriture toutes les
lois de l'hygiène générale et particulière, attachons-
nous à corriger les défauts de l'alimentation produite par les années trop sèches ou trop humides,
et si la maladie vient visiter notre clapier, elle n'y
fera que peu de ravages et disparaîtra bientôt.

§ 12. — CASTRATION.

Nous avons conseillé de séparer les lapereaux par
sexe, et de soumettre à la castration tous les mâles
dont on n'a pas besoin comme reproducteurs; et
cela dans un double but : d'abord de pouvoir réu-
nir en loge un certain nombre d'individus sans qu'ils
se tourmentent réciproquement, se battent, se bles-
sent, se tuent même, et dans tous les cas s'épuisent
sans profiter; en second lieu, parce que le lapin
hongré engraisse mieux, plus rapidement, fournit
une chair plus délicate que celui qui n'a point subi
cette opération.

C'est vers l'âge de deux à trois mois, selon la race
et l'état de développement des lapereaux, qu'elle se
pratique; elle est d'ailleurs très-simple et sans danger aucun. Voici en quoi elle consiste : tandis qu'un

aide tient le lapin couché sur le dos et les deux membres postérieurs repliés vers la tête, l'opérateur saisit la peau des bourses qu'il incise d'un seul coup, en travers; puis, par cette ouverture, il fait successivement sortir les deux petits testicules qu'il excise l'un après l'autre au moyen de ciseaux; un point de suture referme la plaie, que l'on graisse avec du saindoux ou de la pommade camphrée. Le patient est placé ensuite dans une loge séparée sur une bonne et abondante litière fraîche, à une température moyenne, et on lui donne une demi-diète en aliments et en eau.

Nous recommanderons pourtant de s'abstenir de pratiquer la castration par des temps très-chauds ou très-froids, et d'opérer de préférence le matin, l'animal ayant été mis à la diète depuis la veille au soir. Il est très-rare que l'opération ait des suites funestes, et trois ou quatre jours après, la cicatrisation de la plaie est complète et le patient complétement remis. Seulement, il est dès lors exclusivement voué à la société des neutres, ses semblables. Il serait presque infailliblement tué par les mâles ou les mères dans la loge desquels vous tenteriez de l'introduire. Mais il ne se tourmente plus, ne tourmente plus ses compagnons, grossit ou s'engraisse, les laisse grossir et s'engraisser.

Le lapin hongre, nous le répétons, se développe plus rapidement, devient de meilleure heure apte à l'engraissement, profite mieux de la nourriture, donne une chair plus tendre et plus savoureuse que le lapin entier; son poil devient plus fin, plus lui-

sant, plus soyeux, plus épais, sa peau gagne par
conséquent en valeur. « Le lapin riche ou argenté
prend, dit M. Mariot-Didieux, une couleur plus
blanche, ce qui en double ou même en triple la valeur. C'est là tout le secret pour obtenir ces fourrures
imitant ce que l'on désigne sous le nom de vaire ou
petit-gris. Le lapin blanc de Chine, ou polonais,
approche de la finesse et de la blancheur de la martre
zibeline. » A tous égards donc on ne saurait trop
conseiller une pratique aussi simple et aussi peu
dangereuse.

§ 13. — ENGRAISSEMENT.

Engraisser un animal, c'est lui donner une nourriture appétissante, de bonne qualité, en quantité
excédant les besoins de son organisme quant à l'entretien de la vie, en vue de développer chez lui, à
des degrés variables, les tissus musculaires et grais-
seux. La pratique de l'engraissement chez tous nos
animaux domestiques a conduit à établir plusieurs
règles, dont la science donne une explication complète et auxquelles n'échappe en rien l'espèce cuni-
culine :

1° Il ne faut soumettre au régime de l'engraissement que des animaux ayant complétement terminé
l'accroissement de leur squelette; avant cette époque,
ils grandissent, se développent, mais n'engraissent
pas ;

2° Le tissu adipeux, la graisse, ne se produit que

quand le tissu musculaire, la chair, a pris déjà un certain développement; la chair est un produit très-azoté, dont on favorise la production par un régime riche en principes azotés; la graisse est un produit immédiat surhydrogéné, riche en carbone et en hydrogène, dont on favorise la production par un régime riche en sucres, fécules, amidon, principes gras;

3° Les animaux jeunes, bien portants, bien conformés, seuls, assimilent complétement à leur profit la nourriture d'engraissement, et en tirent le parti le plus économique;

4° Dans l'engraissement, il faut savoir varier la qualité graduée des aliments, afin de solliciter sans cesse l'appétit, disons la gourmandise, de l'animal, et lui faire consommer le plus possible dans le moins de temps; c'est le seul moyen d'obtenir des résultats économiques;

5° La chair des animaux est ce qu'on la fait par le régime de l'élevage d'abord, ensuite et surtout par celui de l'engraissement; la race n'a ici qu'une influence bien inférieure au régime;

6° Les petits animaux, nous entendons ceux de petite taille, de petite race, mais en bon état de santé et bien conformés, sont d'un développement plus précoce, d'un engraissement plus économique que les grands animaux ou que les grandes races;

7° L'engraissement est favorisé par le repos complet, le calme, l'obscurité, une atmosphère moyennement chaude et légèrement humide; il est contrarié par les mouvements, l'inquiétude, la grande lumière, un air chaud ou froid et sec.

C'est donc, suivant la race à laquelle il appartient, à l'âge de cinq à huit mois ou même davantage, que nous engraisserons notre lapin devenu adulte, mais préalablement castré à deux ou trois mois, si c'est un mâle; nous l'isolerons complétement dans une cabane également abritée contre la chaleur, le froid, le vent, le bruit et les visites fréquentes; une toile, un paillasson y produiront une demi-obscurité; nous lui fournirons une douce et abondante litière fréquemment renouvelée; la cabane d'engrais devra avoir environ 0^m,50 carré, y compris l'emplacement du râtelier et de l'augette.

En général, l'engraissement pour la consommation ou le commerce dure un mois; nous, nous divisons ce laps de temps en quatre périodes de huit jours chacune, dans lesquelles nous varierons les aliments en qualité plus qu'en quantité, donnant d'abord ceux qui coûtent le moins cher et que l'animal consommera bien, parce qu'ils sont plus appétents que ceux dont il a fait sa nourriture jusqu'ici; puis viendront les substances d'un prix plus élevé, d'une valeur nutritive plus grande, d'une saveur plus recherchée; les premiers étaient plus riches en azote, les seconds seront plus riches en principes gras. Mais nous fixerons mieux sans doute les idées de l'éleveur en lui présentant des exemples de rations calculées pour un jour, et devant être divisées chacune en trois repas, l'animal pesant vif 2 kilogr. 500.

	1re semaine.	2e semaine.	3e semaine.	4e semaine.
Luzerne verte.	0.400	»	»	»
Sainfoin vert.	»	0.400	0.300	»
Avoine en vert.	0.300	0.300	»	»
Maïs en vert.	»	»	0.300	0.500
Persil, fenouil, anis, céleri, etc.	0.050	0.050	0.050	0.050
Farine d'orge..	»	0.100	»	»
Farine de maïs.	»	»	0.100	0.050
Farine d'avoine, ou mieux avoine en grains.	»	»	»	0.100
Tourteau de noix.	»	»	0.050	»
Tourteau de lin..	0.080	0.050	»	»

L'animal, pendant ce laps de temps, aura donc consommé en totalité :

    21 kilogr. 200 de fourrages verts, à 10 fr. les 1,000 kilogr., soit environ.................................... 0f 21.2
    2 kilogr. 800 de farines diverses ou avoine, à 17 fr. les 100 kilogr., soit..................... 0 47.6
    1 kilogr. 440 de tourteaux de lin ou de noix, à 20 fr. les 100 kilogr., soit.................... 0 28.8
                      Soit ensemble.......... 0f 97.6

    Mais notre lapin aura augmenté en poids vif d'environ un cinquième sur son poids initial, et pèsera à la fin de l'engraissement à peu près 3 kilogr. vif; s'il valait auparavant 1 fr. 50 c., il vaut maintenant 2 fr. 50 c. au moins, non compris la différence de valeur entre la paille litière et le fumier. C'est que le poids acquis se compose de muscles et de graisse, et que l'augmentation de valeur porte sur le poids total, la proportion des os et des déchets étant proportionnellement amoindrie.

Lorsqu'on veut pousser l'engraissement plus loin et obtenir des animaux destinés à figurer avec honneur dans les concours de volailles grasses, l'opération doit commencer dès la naissance des jeunes sujets : on ne conserve de la nichée que les mâles, et on donne les femelles à une autre lapine dont la portée soit peu nombreuse ; on nourrit abondamment la mère afin de développer la sécrétion du lait, et on habitue de bonne heure les petits à manger, en leur donnant un peu de bonnes herbes, du grain d'avoine, de la farine d'orge et du son ; le sevrage ne se fait que le plus tard possible, et on donne dès lors à discrétion une nourriture d'aussi bonne qualité que possible, avec quelques racines pour étancher la soif ; à trois ou quatre mois on opère la castration et on isole les individus chacun dans une loge ; le régime doit être savamment gradué pour exciter la gourmandise, varié pour entretenir l'appétit, composé de telle sorte qu'il ne soit ni trop sec ni trop humide ; la plus grande propreté est de rigueur, les augettes et râteliers seront nettoyés après chaque repas, la litière abondante et souvent renouvelée ; la plus grande tranquillité devra régner autour des petits animaux, qui seront également préservés du froid et de la chaleur, de la lumière trop vive et de tout bruit. C'est à l'âge de huit à dix mois qu'ils auront acquis leur meilleur état d'embonpoint, une chair ferme et savoureuse, un râble large, des cuisses bien garnies.

L'engraissement terminé, on saigne l'animal en pratiquant au palais une incision transversale et le

8

suspendant par les pieds afin de faire écouler le plus de sang possible et d'obtenir une chair blanche; on le place ensuite entre quatre planchettes, dont deux supérieure et inférieure et deux latérales; on l'y ficelle assez serré, et on l'y laisse refroidir durant vingt-quatre heures, afin que le corps y prenne la forme d'un cube allongé mettant bien en relief la largeur et l'épaisseur du râble.

Nous préférons de beaucoup les mâles castrés aux femelles, parce que celles-ci viennent souvent en chaleur, se tourmentent, et bien que vierges, s'arrachent tous les mois le duvet du ventre comme pour faire leur nid, ce qui forme autant de causes de retard dans l'accroissement.

Le secret de plusieurs engraisseurs des concours consiste à donner, pendant le dernier mois, un peu de lait de vache comme boisson, de un à deux décilitres par tête et par jour; on obtient ainsi une viande très-fine et très-blanche. Nous conseillerons en même temps de nourrir, pendant la dernière période, presque exclusivement d'avoine en grains afin d'avoir de la chair et de la graisse fermes.

§ 14. — PRODUCTION DES PEAUX, POILS ET DUVETS.

Nous avons vu que certaines races portent une fourrure particulièrement précieuse, ce sont celles dites riche ou argentée, angora et chinchilla; la dernière est rarement élevée et à peine connue même en France.

La race riche ou argentée est de taille moyenne ; elle porte une fourrure grise, composée de poils noirs avec l'extrémité blanche, ou de poils blancs mélangés aux poils noirs ; ces poils sont plus longs, plus fins, plus doux que ceux des races ordinaires, surtout chez les mâles qui ont subi la castration. On croit avoir remarqué aussi que les animaux élevés au clapier libre, vivant dans des terriers qu'on leur prépare ou qu'ils se creusent, donnent une fourrure plus abondante, plus fine et d'une plus grande valeur, comme imitation du petit-gris ; or, cette race s'accommode bien de ce régime en plein air et en demi-liberté. Nous croyons que c'est à tort qu'on l'a dite délicate et difficile à élever ; elle ne redoute, comme les autres, que l'humidité. C'est à la fin de l'hiver que la peau présente toutes ses qualités et a acquis sa plus haute valeur commerciale, 1 fr. à 1 fr. 50 c., suivant la taille, la couleur et le sexe. La chair du lapin riche est exactement celle des autres races, bonne ou mauvaise, suivant le régime qui l'a produite ; mais on engraisse rarement ces animaux.

La race angora porte un poil long, soyeux, fin et touffu ; il y en a différentes variétés noire, grise et blanche ; cette dernière est la plus commune. Là aussi, la castration des mâles, l'habitation dans des terriers, fournissent une fourrure plus longue, plus fine et plus abondante. Le produit de ce lapin consiste dans le duvet très-fin, long, brillant, qui est mêlé aux poils et qui se sépare assez facilement de la peau pendant l'été et au printemps. On le récolte

à l'aide d'un peigne fin passé sur le dos, le cou, les
côtes, la croupe et les cuisses, sous le ventre des
mâles, où il est plus grossier, mais jamais sous celui
des femelles, qui en auront besoin pour faire leur
nid. Certaines personnes peignent quatre fois par
an ; il est préférable de ne faire que deux récoltes,
en août et mars. Une demoiselle Lard-Blanchard,
à Saint-Innocent, en Savoie, a organisé une industrie basée sur le cheptel des lapins angoras ; elle
achète le produit du peignage aux chepteliers, le
fait filer et carder au grand rouet, et en fait trico-
ter divers petits vêtements, comme bas, gants,
chaussons, genouillères, plastrons, etc., précieux
contre les rhumatismes ou les douleurs. Les lapins
angoras sont conservés jusqu'à l'âge de sept ou huit
ans, et parfois plus longtemps, parce que le produit
en soie augmente avec l'âge dans certaines limites.
Mais aussi il en est résulté une défaveur sur la viande
de ces animaux âgés, défaveur qu'on a fait à tort
retomber sur la race entière.

La fourrure, d'un blanc magnifique, composée de
poils doux et ras, du lapin blanc de Chine ou de garenne russe, sert aussi, nous l'avons dit, à la fabrication de la fausse hermine, pour les fourrures à
bon marché. Cette race vit bien aussi en clapier
libre, et son poil s'allonge et s'adoucit par le séjour
en terriers et la castration.

§ 15. — PRODUIT EN VIANDE.

Nous avons dit que la viande de tous les animaux

était ce qu'on savait la faire; il y a autant de différence entre la chair du lapin de choux et celle du
lapin de grains qu'entre la viande du mouton d'Afrique et celle du mouton de prés salés. La chair du
lapin élevé à un bon régime, engraissé convenable-
ment, est blanche, tendre, savoureuse, délicate,
comparable en tout à celle du meilleur poulet; celle
du lapin nourri d'herbes ou de plantes aqueuses est
molle, flasque, sans saveur, très-peu nutritive. Il est
malheureusement vrai que les consommateurs en
savent rarement faire la différence au moment de
l'achat, et que nos ménagères ignorent encore trop
qu'elles ont plus d'avantages à payer plus cher un
animal en bon état d'embonpoint et bien nourri
qu'un animal plus maigre, parce que la proportion
des déchets est moindre dans le premier, et que sa
chair est incomparablement plus nutritive, sans
parler de sa saveur.

Un lapin de race ordinaire, après engraissement
de commerce, a fourni à M. Eug. Gayot les produits
suivants; âgé de six mois, il pesait vif 3 kilogr. 050

Viande nette désossée.	1^{kil} 560	ou 51.14	p. 100 du poids vif.
Les os seuls pesaient. .	0 290	ou 9.50	—
Cœur, poumons, foie,			
rognons.	0 190	ou 6.02	—
Peau.	0 435	ou 14.55	—
Entrailles.	0 530	ou 17.34	—
Déchets et évaporation.	0 045	ou 1.45	—

De telle sorte que le poids utile, comestible, s'éle
vait à 1 kilogr. 750 ou 57,16 pour 100 du poids

8.

vif. Cet animal ayant coûté 3 fr. sur le marché, si nous supposons à sa peau une valeur de 0 fr. 25 c., le poids de la livre de viande nette, sans os, et des issues comestibles, ne s'élevait conséquemment qu'à 0 fr. 79 c. environ.

La moyenne de deux lapins engraissés par nous en vue d'un concours de volailles grasses qui n'eut pas lieu, en 1872, nous a fourni les rendements :

Poids vif moyen de chaque animal. . . .	3^{kil}475	
Viande non désossée et graisse..	2 224 ou 64	p. 100 du poids vif.
Cœur, foie, poumons, rognons, etc.. . . .	0 209 ou 6	—
Peau.	0 417 ou 12	—
Entrailles, intestins. .	0 556 ou 16	—
Déchets et évaporation.	0 069 ou 2	—
Total égal. . . .	3 475 ou 100	—

Ainsi, un lapin non engraissé de sept à huit mois donnera en poids net (poids utile, viande non désossée, cœur, poumons, foie, rognons, etc.) de 50 à 55 pour 100 de son poids vif; le même, âgé d'un mois en plus, et ayant subi l'engraissement commercial, fournira de 58 à 62 pour 100 de poids net; enfin un lapin de neuf à dix mois, complétement gras, produira de 65 à 70 pour 100. Inutile d'ajouter que la chair du dernier sera à celle du second comme celle-ci à celle du premier, qu'elle sera d'autant plus tendre, fine, délicate, savoureuse, que l'engraissement aura été poussé plus loin.

§ 16. — Produit en peaux et poils.

Les peaux de lapins domestiques sont employées, les unes en fourrures communes, pour imiter les vraies fourrures plus rares et d'un prix plus élevé; les autres sont livrées aux coupeurs de poils qui tondent ces peaux pour la chapellerie. D'après M. Servant, la France produirait annuellement, en moyenne, dix millions de peaux de lapins; M. Mariot-Didieux évalue notre consommation en lapins, domestiques seulement, à cinquante millions de têtes. D'après M. Othon, de Clermont, nous produirions, par année moyenne, deux millions et demi de kilogrammes de poils de lapins domestiques et sept cent mille kilogrammes de poils de lapins sauvages ou de garennes. Le même industriel évalue à 70 ou 80 millions de peaux par an la production de la France en lapins domestiques, et à 4 ou 5 millions le nombre de peaux de lapins sauvages; à 30 millions environ les peaux produites en Angleterre, et à 12 ou 15 millions celles produites en Belgique.

La France importe en outre 30 millions de peaux de lapins produisant environ 900,000 kilogr. de poils, à raison de 0 kilogr. 30 par peau. Ainsi, nous consommons en tout, par an, 80 millions de peaux au moins, fournissant 4 millions de kilogr. de poils. Nos importations proviennent de l'Allemagne, par Francfort, pour 300,000 kilogr. de poils, soit 34 pour 100; de Belgique et d'Angleterre, pour 600,000 kilogr., soit 66 pour 100; ces poils, dans

leur état brut, se vendent, la première qualité, de
14 à 25 fr. le kilogr.; la deuxième qualité, de 8 à
17 fr.; la troisième qualité, de 3 à 10 fr. Clermont-
Ferrand et Paris sont les deux centres principaux du
commerce des peaux de lapins qui y sont tondues
par les coupeurs de poils. Ces peaux brutes se vendent, en moyenne, 40 fr. les 104 peaux, ou à peu
près 0 fr. 40 c. l'une, rendues sur le marché. Les
peaux tondues et découpées en fines lanières, sont
soumises à une longue ébullition et converties en
colle de pâte.

La valeur des peaux varie, comme la qualité des
poils qu'elles fournissent, suivant la saison, d'une
très-faible valeur en été, en automne et au printemps (0 fr. 05 c., 0 fr. 10 c., 0 fr. 15 c.); elles s'élèvent à la fin de l'hiver à un prix au moins triple
(0 fr. 20 à 0 fr. 45), parce que l'animal porte alors
une fourrure plus longue, plus fine, plus fournie.
Les peaux de lapins riches ou argentés valent à leur
tour à peu près le triple de celles-ci, soit de 0 fr. 60 c.
à 1 fr. 50 c. Les lapins angoras adultes peuvent
fournir, en moyenne, par an, en deux peignages,
0 kilogr. 150 de soie, qui, au prix moyen de 15 fr.
le kilogr., représentent un produit de 2 fr. 25 c.

§ 17. — PRODUIT EN FUMIER.

Le fumier de lapin, inférieur à celui de moutons
ou de chevaux, est supérieur pourtant à celui des
bêtes à cornes, et forme un des éléments notables

de recettes dans la production des lapins. Ce fumier convient assez bien pour les cultures maraîchère et horticole ; sa qualité varie pourtant avec la nature des aliments consommés et celle de la litière employée comme excipient, suivant aussi qu'il est plus ou moins décomposé, qu'il a été fabriqué avec plus ou moins de soins.

Le lapin, pour être entretenu avec propreté, doit recevoir environ 0 kilogr. 500 de paille par jour, soit 183 kilogr. par an ; le poids de cette litière se trouve doublé par les déchets de nourriture qui s'y mêlent, les crottins qui y tombent et l'urine qui l'imbibe ; c'est donc un produit de 1 kilogr. de fumier par jour, ou 365 kilogr. par an ; à raison de 14 fr. les 1,000 kilogr., ce serait une valeur de 5 fr. 11 c. Mais il en faut déduire la valeur de 183 kilogr. de paille au prix moyen de 25 fr. les 1,000 kilogr., soit une somme de 4 fr. 57 c., il en résulte une plus-value donnée à la paille-litière de 0 fr. 55 c. par tête et par an. Ceci ne s'applique, bien entendu, qu'aux animaux adultes ; le produit en fumier des élèves varie selon leur âge et leur taille, comme aussi la quantité de litière consommée. Un élève, né le 1er janvier, si on le conserve jusqu'au 31 décembre, n'aura produit pendant cette période d'une année qu'environ 200 kilogr. de fumier, produit par 100 kilogr. de paille, c'est-à-dire une dépense en litière de 2 fr. 50 c., une recette brute de 2 fr. 80 c. et un produit net de 0 fr. 30 c. de ce chef.

18. — Produit en argent.

On a établi sur l'espèce cuniculaire une foule de calculs qui nous ont toujours paru marqués au coin d'un optimisme fantaisiste ; évidemment lorsqu'on élève en petit, dans les ménages, une nichée de lapins, que les enfants les nourrissent d'herbes recueillies dans les champs, pour exclusive nourriture, la recette est un produit tout net, parce qu'il n'y a point d'argent dépensé. Mais si l'on fait l'élevage un peu en grand, si l'on est obligé de faire construire des cases, d'établir un clapier, de cultiver les aliments nécessaires, de faire soigner les animaux ; si l'on tient compte des non-valeurs et de la mortalité, les résultats seront loin d'être aussi brillants.

M. Mariot-Didieux dit d'abord que le lapin consomme, en moyenne, par jour, à peu près le tiers de son poids en nourriture verte, et il détermine ensuite comme suit son poids et sa consommation :

AGE.	POIDS VIF MOYEN A LA FIN DU MOIS.	NOURRITURE VERTE CONSOMMÉE	
		par jour.	par mois.
1er mois. . . .	le lait de la mère.	»	»
2e mois. . . .	0kil 500 à 0kil 600	0kil 200	9kil
3e mois. . . .	0 kil. 800.	0 300	12
4e mois. . . .	1 kil. à 1kil 200.	0 533	16
5e mois. . . .	1 kil. 800.	0 666	20
6e mois. . . .	2 kilos.	0 833	25
7e mois . . .	3 kilos.	1 000	30

C'est-à-dire qu'en sept mois notre lapin aura con-

sommé 112 kilogr. de vert, représentant environ
28 kilogr. de foin sec, qui ont produit 2 kilogr. 500
d'accroissement en poids vif ; ou, en d'autres termes,
il n'aurait fallu que 11 kilogr. 200 de foin ou l'équivalent pour produire 1 kilogr. de poids vivant. Ces
28 kilogr. de foin, au prix moyen de 68 fr. les
1,000 kilogr., représentent une valeur de 1 fr. 90 c.
D'après notre auteur, le lapin à quatre mois n'aurait
coûté à produire que 0 fr. 10 c. à 0 fr. 50 c., et se
vendrait de 1 fr. 25 c. à 1 fr. 75 c.; à six mois,
ayant consommé l'équivalent de 20 kilogr. de foin
sec, il aurait coûté 1 fr. 36 c. et se vendrait 3 fr.,
plus, sa fourrure valant de 0 fr. 90 c. à 1 fr.; le
tout, non compris le fumier, mais aussi sans tenir
compte ni des soins ni de la mortalité.

Le P. Espanet n'évalue la dépense annuelle d'une
mère, en nourriture, qu'à 4 fr., et celle des mâles
à 1 fr. 50 c.; enfin, la nourriture des lapereaux à
l'élevage, de l'âge de un mois à celui de huit mois,
à 0 fr. 25 c. seulement.

Le mode d'évaluation le plus simple nous paraît
être de rapporter la nourriture à l'équivalent en
foin ; si nous nous reportons au tableau d'accroissement que nous avons donné au paragraphe 11, et
que nous admettions que le lapin consomme environ
le tiers de son poids par jour, en fourrage vert, nous
verrons que, du sevrage à la fin du huitième mois,
il a dû consommer environ 75 kilogr. 080 de fourrages verts, représentant 19 kilogr. 020 de foin sec,
qui, à 68 pour 100, vaudraient 1 fr. 30 c. Si d'un
côté 100 kilogr. de fourrages verts produisent plus

d'effet utile que les 25 kilogr. de foin qu'ils représentent, si les fourrages verts ne coûtent aucun frais
de fanage ni d'emmagasinage, il n'en faut pas moins
les cultiver, les couper, les transporter ou les recueillir; en outre, les grains, les farines, le son, sont
des équivalents d'un prix plus élevé que le foin. Une
lapine nourrice du poids vif de 2 kilogr. 500 consommera par an 304 kilogr. de fourrages verts, soit
76 kilogr. de foin, valant 5 fr. 17 c. ; un mâle du
poids de 3 kilogr. consommera environ 300 kilogr.
seulement, ou 75 kilogr. de foin du prix de 5 fr. 10 c.
Ajoutons comme dépenses 0 fr. 10 c. de logement
pour les élèves de huit mois, et 0 fr. 25 c. pour les
mâles et femelles de reproduction, 1 fr. 88 c. de litière pour les premiers, et de 4 fr. 57 c. pour les
seconds, et nous aurons les éléments de calcul des
dépenses.

Quant aux recettes, M. Mariot-Didieux évalue la
valeur d'un lapin de quatre mois de 1 fr. 25 c. à
1 fr. 75 c. ; de celui de six mois à 3 fr. 90 c. à 4 fr.
Le P. Espanet estime ceux de quatre mois à 0 fr. 90 c.;
de cinq mois à 1 fr. 10 c.; de six mois à 1 fr. 30 c.;
de sept mois à 1 fr. 40 c.; de huit mois ou plus, engraissés, à 2 fr. Nous croyons qu'actuellement le
premier de ces auteurs cote trop haut et le second
trop bas; un lapin ordinaire de dix mois vaut très-
couramment 2 fr.; de sept à huit mois 2 fr. 50 c.,
et au-dessus, engraissé, de 2 fr. 50 c. à 4 fr. Ajou-
ons qu'un lapin de huit mois a produit 150 kilogr.
de fumier valant 21 fr.; qu'un adulte produit dans
l'année 51 fr. 10 c. de fumier.

Faisons le calcul maintenant, sur les bases que nous avons établies déjà au paragraphe 11, pour un clapier de dix mères et un mâle, et fixons d'abord les dépenses :

Nourriture des 10 mères, comme il a été dit plus haut, à 5 fr. 17 c. l'une. . .   51ᶠ70ᶜ

Nourriture du mâle. 5 10

Litière des 10 femelles et du mâle à 4 fr. 57 c. l'un. 45 70

Nourriture du sevrage à huit mois de 342 élèves à 1 fr. 30 c. l'un. 444 60

Litière pour les 342 élèves à 1 fr. 88 c. l'un. 64 30

Logement des mâles et femelles à 0 f. 25.   2 75

Logement des 342 élèves à 0 fr. 10 c. . .   34 20

Nourriture et logement pour moitié de 18 élèves comptés pour la mortalité. . . .   12 60

Soins d'une femme à l'année, logement et nourriture, moitié de son temps. . . .   200 »

Total des dépenses. . .   860ᶠ95ᶜ

Passons aux recettes maintenant :

Un tiers des élèves vendus à six mois, et au prix de 1 fr. 80 c. pour 114, soit. . . .   205ᶠ20ᶜ

Un tiers vendu à sept mois, et au prix de 2 fr. 25 c. pour 114, soit. 256 50

Un tiers vendu à huit mois, et au prix de 2 fr. 50 c. pour 114, soit. . . . . .   285 »

Fumier produit par les 10 mères et le

9

mâle à 5 fr. 11 c. l'un 56 21

Fumier produit par les 342 élèves à
2 fr. 80 c. 95 76

Total des recettes. . .   898ᶠ67ᶜ

La différence entre les dépenses et les recettes est donc de 37 fr. 72 c. Ce produit net est obtenu, il ne faut pas l'oublier, avec un capital d'environ 40 fr. et une installation de 500 fr. à peine ; ce serait donc un intérêt de près de 8 pour 100. L'industrie paye à la culture les fourrages verts au prix très-rémunérateur de 15 fr. environ les 1,000 kilogr., et lui fournit de bon fumier au prix de 14 fr. Mais il y a loin de là aux fortunes tant de fois promises à l'éleveur de lapins ! Pour se faire les 3,000 livres de rentes proposées, il faudrait entretenir 1500 mères ! Mais nous serions loin de vouloir garantir alors les mêmes résultats, quelle que fût l'habileté de l'éleveur, quelques précautions d'hygiène qu'il pût prendre.

Supposons maintenant la spéculation sur le poil des angoras. Un clapier composé de 100 lapins adultes, se renouvelant par sixième, pourra fournir les résultats suivants :

Dépenses. Nourriture de 100 adultes, comme ci-dessus, à 5 fr. 17 c. 517ᶠ 0ᶜ

Litière de 100 adultes à 4 fr. 57 c. l'un.   457 »

Logement des mêmes à 0 fr. 25 c. . .   25 »

Soins d'une femme à l'année, moitié de son temps. . . . .   200 »

Total. . . . 1,199ᶠ »ᶜ

Recettes. Fumier produit par les 100 adultes à 5 fr. 11 c. . . . .   511ᶠ ˮᶜ

Produit en soie, 0 kilogr. 150 par tête, ou 15 kilogr. à 15 fr. l'un. . . . .   225 ˮ

Réforme de 16 animaux par an, par la vente à 1 fr. 50 c. l'un. . . . .   24 ˮ

Si nous supposons que les 100 têtes comprennent 20 mères, faisant 4 portées par an, chacune de 5 lapereaux, nous aurons à vendre à l'âge de trois mois, déduction faite de 10 pour 100 pour la mortalité, 360 lapereaux, ayant une valeur de 1 fr. 50 c., mais ayant coûté en nourriture, 0 fr. 20 c. par tête, soit au prix net de 1 fr. 30 c. . . . .   468 ˮ

Total. . . . 1,228ᶠ ˮᶜ

Le bénéfice net ne serait conséquemment que de 28 fr. Mais, nous croyons ne pouvoir trop le répéter, le lapin est l'animal de la petite propriété, de la famille rurale, précieux surtout en ce qu'il peut utiliser les herbes adventices qui sans lui n'auraient aucune valeur. Élevé en grand nombre, lorsqu'il faut cultiver des fourrages spécialement à son intention, il rentre dans la catégorie de nos autres animaux domestiques, il est exposé à plus de chances de mortalité, il doit payer les soins qu'on lui donne et qui ne sont point comptés dans le premier cas, il reste producteur économique de viande, bon utilisateur des fourrages, bon producteur d'engrais,

mais ce serait une illusion que de le considérer
comme une source de fortune.

§ 19. — MALADIES DU LAPIN.

Les lapereaux bien nourris dans leur première
jeunesse, bien allaités par leur mère, dont le sevrage
s'est opéré sans crise, sont ensuite rarement malades, tant que leur régime reste bon et si leur logement est sain. Pour le lapin, comme pour l'homme,
les écarts dans le régime et dans l'hygiène sont la
principale cause des maladies. De celles-ci, les unes
sont sporadiques, les autres enzootiques, quelques-
unes enfin épizootiques; il y en a de contagieuses et
d'autres qui ne le sont pas. Nous répéterons pour le
lapin ce que nous avons déjà dit pour les animaux
de basse-cour, à savoir que le plus sûr et le plus
économique c'est de sacrifier tout animal malade
quand il est en état d'être consommé.

L'*hydropisie* ou gros ventre provient d'une nourriture trop aqueuse, du séjour dans une loge humide et malsaine; c'est surtout vers l'âge de deux
mois qu'elle se produit; les yeux deviennent chas-
sieux, le poil devient rude et tombe parfois, l'animal maigrit, le ventre enfle, une bouteille d'eau se
forme dans les replis de peau de la gorge, l'amai-
grissement continue jusqu'à ce que le sujet devenu
étique meure. Cette maladie n'est curable que lorsqu'elle est prise au début; il faut remplacer le
régime vert par le sec, et donner à discrétion de

l'avoine en grains et du tourteau de colza, remédier
à l'aération et à l'humidité de la cabane, mettre
l'animal dans une petite cour pavée où il puisse se
chauffer au soleil, respirer un air pur et prendre de
l'exercice. Les plantes aromatiques sont alors plus
nécessaires que jamais, et notamment le persil et le
fenouil.

La *diarrhée* est aussi la conséquence d'un régime
défectueux, trop rafraîchissant, composé d'herbes
trop aqueuses ou données alors qu'elles sont encore
couvertes de pluie, de rosée ou de gelée blanche.
Les crottins ordinairement globuleux perdent cette
forme et leur consistance ferme. Elle est très-difficile à guérir lorsqu'elle est déclarée; il faut donc
s'attacher à la prévenir; on donne alors des croûtes
de pain sèches et de l'avoine en grains. Il est rare
que les pommes de terre crues, même en petite
quantité, ne la déterminent pas, surtout au printemps, lorsqu'elles ont déjà des pousses.

La *constipation* provient, au contraire, d'un régime trop échauffant, aux grains et farines. Elle se
reconnaît à ce que les crottins au lieu d'être isolés
se réunissent en chapelets et sont très-durs. Il faut
alors donner un peu de laitue verte, de la betterave
ou de la carotte, mais bien prendre garde de conduire l'animal à l'extrême opposé, c'est-à-dire à la
diarrhée; il faut savoir s'arrêter à temps. D'ordinaire, deux ou trois repas rafraîchissants suffisent
pour produire le résultat désiré.

L'*indigestion* n'atteint jamais que les animaux
mal nourris d'habitude et auxquels on donne une

ration meilleure que de coutume ou plus abondante.
Les animaux qui en sont atteints cessent de manger,
ont le ventre ballonné et sont pris de diarrhée. On
les met à la diète complète avec quelques herbes
aromatiques seulement, surtout de la coriandre, et
lorsqu'on les voit commencer à chercher des aliments, on leur donne un peu de croûtes de pain,
du persil et de l'avoine en grains.

L'*ophthalmie* ou mal d'yeux atteint souvent les
lapines de reproduction placées dans des conditions
antihygiéniques ; elle apparaît surtout pendant l'allaitement et peut devenir mortelle. Dès qu'on en
aperçoit les premiers symptômes, il faut transporter
la mère et sa nichée dans une case sèche, saine,
chaude, demi-obscure, très-aérée, mais sans courants d'air, et garnie d'une litière sèche et abondante. On donne un régime aromatique et fortifiant.
Les lapereaux atteints d'hydropisie sont souvent pris
aussi d'une sorte d'ophthalmie scrofuleuse, qui en est
presque toujours un des symptômes, et qui diffère
complétement de celle dont nous parlons plus haut.

La *gale* provient de contagion directe ou indirecte
avec des animaux atteints de cette maladie. Elle a
pour cause un parasite, un acarus, qui la multiplie
très-rapidement sur les lapins mal tenus et peu
nourris. Comme elle est contagieuse et presque incurable chez notre petit rongeur, il est prudent de
sacrifier immédiatement ceux qui en ont été atteints,
et de vendre ou brûler de suite leur peau. C'est à la
base des oreilles que la gale apparaît presque toujours, reconnaissable à la dénudation qu'elle y cause,

et aux boutons spéciaux qui s'y développent. La loge où étaient les malades et le mobilier qui leur servait doivent être soigneusement lavés avec de l'eau phéniquée.

L'*affection vermineuse* consiste dans l'invasion de divers entozoaires, et en particulier du tœnia pectiné, du cœnure polycéphale, du distôme hépatique, du distôme lancéolé, etc. En général, c'est sur les lapins mal logés et mal nourris que cette affection se présente ou du moins qu'elle atteint leur santé d'une manière appréciable; quoique l'appétit augmente, les malades maigrissent et présentent des symptômes variables, selon l'organe attaqué par l'entozoaire. Comme les œufs de ceux-ci peuvent transmettre rapidement la maladie, il faut sacrifier le malade aussitôt qu'à l'examen des crottins ou aux symptômes on soupçonne la présence des vers intestinaux, nettoyer complétement leur loge et brûler le fumier et la litière qui en proviennent. Il n'y a, bien entendu, aucun inconvénient à consommer la viande des victimes, mais après l'avoir soumise à une longue cuisson seulement. Une bonne hygiène, une alimentation rationnelle sont les meilleurs moyens de prévenir les accidents, aidées par une grande propreté; lorsque la saison est humide, il faut donner aux lapins des condiments et surtout des branches ou des feuilles de saule blanc (*salix alba*) et d'osier (*salix viminalis*).

Il n'est pas rare de voir la maladie ou plutôt les maladies s'abattre sur la totalité ou une grande partie d'un nombreux clapier; mais ce sera toujours

sur ceux où le logement et le régime seront défectueux, où l'hygiène sera mauvaise, où on n'aura
tenu aucun compte de la consanguinité, où les animaux seront complétement privés d'ébats limités en
bon air et au soleil. Ce ne sont point des épizooties
dans le sens propre du mot, bien qu'elles puissent
amener rapidement la mort de toute la population.
Il suffit pour la prévenir, la combattre et la faire
disparaître, cette maladie, quelle qu'elle soit, d'observer les lois de l'hygiène ou d'y revenir si on s'en
était écarté, d'éloigner enfin toutes les causes qui
ont pu la faire naître.

Fig. 30. Léporide.

CHAPITRE IV.

LE LÉPORIDE.

Il a fallu, pour étudier et décrire les animaux de la création, les classer, c'est-à-dire établir des divisions primaires, secondaires, tertiaires, etc., embrassant tout le règne. Une de ces subdivisions est celle de l'*Espèce* formée dans les genres, sous-genres, tribus, etc.; et jusqu'ici on a fixé les limites naturelles de l'espèce zoologique d'après la *fécondité continue* des êtres qui y sont casernés, lorsqu'ils s'accouplent ou qu'on les accouple entre eux. Le produit de l'accouplement de deux animaux de sexe différent alliés entre eux, et appartenant chacun à une espèce distincte, si voisines fussent-elles, porte le nom d'*hybride,* et il était passé en axiome que les hybrides étaient inféconds ou doués tout au plus

9.

d'une fécondité bornée à quatre ou cinq générations, après quoi la famille s'éteignait ou faisait retour complet à l'une des deux espèces dont elle était issue. Le jour donc où on aurait démontré la fécondité continue des hybrides de une ou plusieurs espèces, où on aurait prouvé que les hybrides peuvent se perpétuer indéfiniment avec leurs caractères mixtes et sans faire retour à l'un des deux types, la division par espèces deviendrait tout arbitraire ou plutôt n'aurait plus raison d'être.

Tous les naturalistes, cependant, n'ont pas accepté sans observations la distinction par espèces ; écoutons plutôt L. Agassiz, qu'on ne soupçonnera point de darwinisme : « On croit généralement, dit-il, que rien n'est plus aisé que la détermination des espèces, et que, de tous les degrés d'alliance qui peuvent exister entre les animaux, celui que constitue l'identité spécifique est le plus nettement défini. On s'imagine même qu'un criterium infaillible de cette identité est fourni par le rapprochement sexuel qui réunit si naturellement les individus de la même espèce dans la fonction reproductrice. Eh bien ! je crois, moi, que c'est là une erreur complète, tout au moins une pétition de principes impossible à admettre dans une discussion philosophique sur ce qui constitue véritablement les traits caractéristiques de l'espèce. Je l'affirme même : bien des problèmes embrouillés, contenus dans la recherche des limites naturelles de ce groupe, seraient depuis longtemps résolus, n'était l'insistance avec laquelle on présente généralement la capacité et la disposition naturelle

des individus à un rapprochement fécond, comme
une preuve suffisante de leur identité spécifique.

« Je ne veux pas appuyer sur le fait que chaque
nouveau cas d'hybridité constaté proteste derechef
contre cette assertion. Je n'examinerai pas non plus
s'il est possible ou praticable d'écarter cette difficulté
en introduisant dans le débat la considération de la
fécondité limitée du produit d'espèces différentes. Je
ne ferai qu'une simple observation. Tant qu'on n'aura
pas prouvé pour toutes nos variétés de chiens, pour
toutes celles de nos animaux domestiques et de nos
plantes cultivées, qu'elles sont respectivement déri-
vées d'une espèce unique, pure et sans mélange ;
tant qu'un doute pourra être conservé sur la com-
munauté d'origine et la descendance unique de toutes
les races humaines, il sera illogique d'admettre que
le rapprochement sexuel, même donnant lieu à un
produit fécond, soit un témoignage irrécusable de
l'identité spécifique... Où est le physiologiste qui
pourrait affirmer en conscience que les limites de la
fécondité entre espèces distinctes sont connues avec
une suffisante rigueur pour qu'on en puisse faire la
pierre de touche de l'identité spécifique? Qui pourrait dire que les caractères distinctifs des hybrides
féconds et ceux des produits de sang non mêlé sont
tellement évidents qu'on puisse retracer les traits
primitifs de tous nos animaux domestiques, ou bien
ceux de toutes nos plantes cultivées?... Dans tous
les cas critiques qui exigent une exactitude et une
précision minutieuses, il faut rejeter ce soi-disant
critère, comme peu sûr et nécessairement hypothé-

tique. La science exacte doit se passer de lui, et plus tôt elle en sera débarrassée, mieux ce sera. Mais de même que d'autres reliques du vieux temps, c'est une manière d'épouvantail théorique que l'on garde dans sa boîte pour le faire seulement surgir à certains jours, quand il s'agit de donner le change et de fermer le débat sur la question de l'unité d'origine des races humaines. » De cette longue citation que nous avons dû, à regret, abréger, il résulte pour M. Agassiz, lequel, nous le répétons, se montre dans le même travail fort éloigné de la doctrine de variabilité de l'espèce, que l'identité spécifique ne saurait être fondée sur la fécondité continue, que l'unité spécifique de nos animaux domestiques et de nos plantes cultivées ne lui paraît pas suffisamment démontrée, qu'il n'est pas complétement inadmissible que les variétés de nos animaux et de nos plantes soient le résultat du mélange extrême de plusieurs espèces primitivement distinctes. Mais revenons à la question d'hybridité.

Un grand nombre d'animaux sauvages refusent presque complétement de se reproduire en captivité, du moins sous notre climat, quelles que soient les conditions de liberté relative qu'on leur accorde : tels sont l'éléphant, la girafe, le zèbre, etc., dont on ne peut que très-rarement obtenir la reproduction dans les muséums et les jardins zoologiques dont les milieux s'écartent trop de leur mode d'existence normale. Il en est d'autres dont on obtient dans la captivité la plus étroite, dans les ménageries ambulantes, des accouplements auxquels ils se refuseraient avec un mode d'existence moins limité, avec des animaux de même espèce, et parfois des produits : ainsi, le tigre, qui ne reproduit que rarement son espèce, a plusieurs fois donné des produits avec le lion.

Disons donc d'abord quels sont les hybrides dont l'existence ne paraît pouvoir être discutée. MAMMIFÈRES. Parmi les *solipèdes*, le mulet, produit de l'union de l'âne avec la jument, est une industrie zootechnique bien connue et très-répandue. Le bardot, résultat de la fécondation de l'ânesse par le cheval, n'est pas contesté. Lord Clive obtint, au commencement de ce siècle, un produit du mariage d'une femelle de zèbre avec un âne, et le même résultat a été obtenu depuis au Muséum de Paris ; le Muséum britannique possède un métis de zèbre et d'âne qui présente, comme particularité, des pommelures sur la croupe. Lord Morton obtint un produit d'une jument arabe par un couagga ; l'hybride femelle, ressemblant plus à sa mère qu'à son père, avait une queue touffue, intermédiaire entre celle des deux espèces, et portait plusieurs bandes transversales au cou, au garrot et sur les jambes ; cette hybride fut saillie par un étalon arabe ; son poulain avait encore la crinière dressée et quelques raies de son grand-père. Après avoir rapporté ce dernier fait, Brehm, ou M. Gerbe, son traducteur et son commentateur, ajoute : « De ces essais, malheureusement trop peu multipliés encore, il résulte incontestablement que tous les solipèdes peuvent s'accoupler et produire entre eux des petits féconds. Ce fait est un grand gain pour la science ; il renverse la théorie de l'unité de génération, qui a causé tant de débats entre naturalistes et orthodoxes. Cet aphorisme : « les animaux d'une même espèce peuvent seuls produire entre eux des petits féconds », n'est plus absolument vrai. Le naturaliste ne doit plus se contenter d'une opinion démentie par les faits.» M. Isid. Geoffroy-Saint-Hilaire pressentait la possibilité et l'utilité des produits issus d'une hybridation du mâle d'hermione avec la jument, mais il ne put l'obtenir ; M. Milne-Edwards a été plus heureux, et, le 14 mai 1869, il est né au Muséum d'histoire naturelle de Paris une mule de robe isabelle un peu foncé, avec raie de mulet et quelques zébrures aux genoux et aux jarrets, la tête fine et distinguée, les yeux placés bas, les oreilles petites, bien plantées, fines et mobiles, mais les tendons faillis. De la jument et de l'onagre (âne sauvage) apprivoisé, proviennent, nous dit Pline, des mules légères à la course, dont le pied est d'une extrême dureté, mais dont le corps est maigre et le caractère indomptable. A partir de 1840, on a obtenu au jardin d'acclimatation du bois de Boulogne des hybrides d'hémione et d'ânesse qu'on a pu utiliser au service de la selle et de la voiture. Enfin, Gray, dans son ouvrage sur la ménagerie de Knowsley-Hall, décrit ce qu'il appelle un double mulet, le produit d'une jument croisée avec un hybride d'âne et de zébresse ; ce double mulet possédait donc du sang de trois espèces.

Parmi les *ruminants*, la fécondité du zébu avec le bœuf domestique est suffisamment attestée par

David Low, le Dr Vavasseur, lord Powis, M. Blyth,
M. O'Neile Wilson, Brehm, etc. Il en est de même
de la fécondité du yack avec le bœuf domestique,
confirmée par Marco-Paulo, M. Faudon, Isid. Geoffroy Saint-Hilaire, M. H. Bouley, etc. Dans l'Inde,
on obtient des produits de l'union du yack et du
zébu, d'après Victor Jacquemont, M. l'abbé Fage
et Isid. Geoffroy Saint-Hilaire. Le buffle, dit Brehm,
s'accouple sans grande difficulté avec le zébu, mais
très-difficilement avec la vache domestique; ces croisements n'ont amené jusqu'ici aucun résultat; le
fœtus, à la naissance, est tellement grand, qu'il est
tué au moment de l'expulsion ou que la mère suc-
combe en lui donnant le jour. A Cologne, d'après le
même naturaliste, le buffle kerabau (*Bubalus Kerabau*) se reproduit et se croise même avec le buffle
ordinaire (*Bubalus Vulgaris*). D'après Audubon,
un Américain, du nom de Wickliffe, élevait des
bisons (*Bonassus Americanus*), qu'il croisa avec des
vaches domestiques, et il en eut des petits qui furent féconds; il éleva des hybrides demi-sang et
trois quarts; il les accoupla entre eux, avec le bison,
avec le bœuf domestique, fit en un mot les expériences les plus variées, et toujours avec succès.
D'après Brehm, on a obtenu des produits de l'union
du gayal, gyal ou bœuf des jungles de l'Inde, avec
le zébu, et du bœuf banteng (*Bos Banteng*) avec le
zébu.

Au rapport de Fitzinger, le bouquetin des Alpes
s'accouple souvent et fructueusement, dans les Alpes
du Piémont, avec les chèvres domestiques, et la

ville de Berne, vers 1820 et 1825, élevait un assez
grand nombre de ces hybrides à divers degrés de
sang. Tout le monde admet la fécondité du bouc
avec la brebis et du bélier avec la chèvre. La fécondité du moufflon avec la brebis, et à l'inverse, du
bélier avec la moufflonne, n'est pas contestée non
plus ; ces deux espèces accouplées donnent des hybrides déjà connus des anciens qui leur donnaient,
d'après Pline, le nom d'*umbri*.

Dans les *Pachydermes*, d'après sir Eyton, le sanglier du Japon (*Sus pliciceps* ou *Leucomastix*), ou
sanglier à barbe blanche, donne avec le porc domestique des produits féconds. En 1867, on obtint
au jardin zoologique de Cologne des produits de
l'union d'une truie à masque (*Sus Larvatus*) avec
des verrats domestiques des races anglaises de Windsor, Suffolk et Berckshire.

Voilà pour nos animaux domestiques. Citons
maintenant, d'après M. Colin, les hybrides avérés
d'un grand nombre d'espèces parmi les mammifères
et les oiseaux. Parmi les *carnassiers*, le loup produit avec le chien, le chien avec le chacal, le tigre
avec le lion, le chien avec le loup, le chacal avec
la chienne, et le chien avec la femelle du chacal.
Parmi les *ruminants*, le dromadaire produit avec le
chameau. Parmi les *oiseaux*, le coq produit avec le
faisan, le faisan commun avec le faisan de la Chine,
le canard commun avec le canard musqué, l'oie domestique avec l'oie du Canada, l'oie avec le cygne
chanteur, le morillon avec la sarcelle, le serin avec
le chardonneret. Enfin, on pourrait citer encore un

assez grand nombre de cas dans les poissons et les insectes.

Mais tous ces hybrides ne sont pas doués de fécondité, surtout de fécondité continue, et l'impuissance provient tantôt du mâle et tantôt de la femelle. La mule a fourni dans les pays méridionaux, et même en France, des produits de son union avec le cheval, mais le mulet s'est toujours montré infécond, son sperme ne renfermant jamais d'animalcules. M .Isidore Geoffroy Saint-Hilaire dit que les hybrides d'hémione et d'ânesse, sans être aussi féconds que les individus d'espèces pures, ne sont pas inféconds comme les mulets ordinaires; un mâle a fécondé plusieurs ânesses. L'hybride de l'yack et du zébu, hybride auquel on a donné le nom de dzo, et qu'on obtient fréquemment au Thibet, où on le regarde comme stérile d'après M. l'abbé Fages, le dzo a donné en cinq ans cinq produits au jardin d'acclimatation du bois de Boulogne. Au Muséum d'histoire naturelle de Paris, une femelle hybride de yack et de vache s'est montrée régulièrement féconde pendant plus de sept ans; de même aussi une vache, issue d'un yack noir sans cornes et d'une vache française; croisée avec un taureau yack d'abord, puis avec un taureau zébu du Soudan, elle a, dans les deux cas, donné de beaux produits. D'après Fitzinger, on a croisé plusieurs fois au jardin zoologique de Schœnbrun le moufflon d'Europe avec le mouton ordinaire d'Allemagne; les hybrides s'accouplaient avec le moufflon et avec le mouton, et chaque fois avec succès; la plupart ressemblaient au

moufflon ; leurs cornes seulement étaient moins
fortes et moins contournées ; quelques mâles avaient
même quatre cornes, comme les moutons dont parle
Oppien, moutons qui n'étaient peut-être que de pareils hybrides. Par contre, on a toujours vainement
essayé de croiser le moufflon avec la chèvre domestique ; aussi M. Colin est-il autorisé à dire que la
brebis donne avec le moufflon des produits féconds.
Ces faits sont encore confirmés par les expériences
faites vers 1835, à Carcassonne, par M. Durrieu,
receveur général des finances. Enfin, nous avons
déjà dit que la femelle du sanglier masqué donnait
avec le porc domestique des hybrides féconds, et
qu'il en était de même, d'après Eyton, du porc du
Japon avec le porc domestique. Nous ajouterons que
tout le monde sait que le chardonneret donne avec
la femelle du serin des Canaries des hybrides indéfiniment féconds, et que dans ces dernières années
on a constaté que le croisement spontané des abeilles
ordinaire et ligurienne donnait des hybrides aussi
féconds que les deux espèces types. Quant au rapport des sexes dans les naissances des produits,
Buffon disait que le nombre des mâles dans les hy-
brydes du bouc et de la brebis était comme 7 est
à 2 ; dans ceux du chien et de la louve, comme 3 est
à 1 ; dans ceux du chardonneret et de la serine,
comme 16 est à 3. « Il paraît donc presque certain,
ajoutait-il, que le nombre des mâles, qui est déjà
plus grand que celui des femelles dans les espèces
pures, est bien plus grand encore dans les espèces
mixtes. » Nous ignorons sur quel nombre de parts

Buffon a établi ces chiffres, mais rien jusqu'ici n'est venu ni les confirmer ni les combattre, ou plutôt personne, que nous sachions, n'a envisagé la question à ce point de vue. Si cette prédominance du sexe mâle était avérée, quelle serait d'ailleurs la signification à lui attribuer ?

Tout ce que nous savons, c'est que dans une portée de léporides demi-sang obtenue, en 1863, par M. Guerrapain, il n'y avait qu'un mâle sur quatre femelles ; et que dans une portée des trois quarts sang, chez le même éleveur, en 1864, les proportions se sont montrées justement inverses, une seule femelle sur quatre mâles. D'une base pleine d'un lapin domestique, reçue du commandant du fort d'Aubervilliers, M. Gayot obtint huit produits de demi-sang, dont cinq mâles et trois femelles.

Il est vrai qu'on possède bien peu de preuves authentiques, au point de vue de la science, d'une fécondité certaine dans les hybrides ; mais nous pensons qu'il y a à cela deux raisons péremptoires.

La première, c'est que l'hybridation résulte du rapprochement de deux animaux appartenant chacun à deux espèces différentes, et ayant presque toujours aussi des mœurs diverses ; comme les expériences ne peuvent se faire qu'en captivité, il en résulte que l'une des espèces, sinon toutes deux, se trouvent placées dans un milieu tout différent de celui pour lequel les avait créées la nature, et contraintes de modifier leurs habitudes, parfois même leur régime. Prenons, par exemple, les expériences faites par Buffon, Frédéric Cuvier et M. Flourens ; elles consis-

taient à placer dans des espaces resserrés une louve
et un chien, ou un loup et une chienne, conditions
aussi contraires au mode ordinaire de vivre, à la
santé, qu'à la fécondité de l'une surtout des deux
espèces, mais de toutes deux en somme. Néanmoins,
Buffon obtint trois générations, après quoi l'essai
fut abandonné. MM. Cuvier et Flourens en obtinrent
quatre, après quoi ils arrivent à l'infécondité; il est
fort probable, comme le fait justement remarquer
M. Eug. Gayot, que le résultat eût été le même si
on eût placé un chien et une chienne en semblables
conditions.

La seconde, c'est que, dans ces expériences, et
par motif d'économie sans doute, on a toujours agi
en employant la consanguinité qui venait ajouter
son influence capitale à celle des milieux. Voyons
plutôt l'essai tenté par Buffon. Une jeune louve en-
levée à sa mère, au milieu des bois, en 1771, est
mariée en 1773 à un chien braque, et en a eu quatre
petits; deux de ceux-ci, frère et sœur, mariés en
1776, eurent à leur tour quatre enfants, dont deux,
accouplés en 1778, mirent bas sept petits, parmi
lesquels une femelle seule survécut; on la maria en
1778 à son père, et elle donna quatre petits, dont
un couple mâle et femelle vécut, mais dont on n'en-
tendit plus parler. Il n'y a pas là raisons de nier la
fécondité continue de ces hybrides, et rien ne nous
semblait autoriser M. Flourens à dire que Buffon
n'avait pu passer la troisième génération. Il est vrai
que Fréd. Cuvier, et de même M. Flourens, opérant par consanguinité sur chien et loup, et leurs

hybrides renfermés en loges étroites, n'ont pu dépas-
ser cette troisième génération, et que M. Flourens
vit s'arrêter de même ses essais d'hybridation du
chien avec la famelle du chacal après la quatrième
génération. Qu'y a-t-il d'étonnant à cela? Le résultat
n'eût-il pas été semblable si on avait placé dans les
mêmes loges restreintes un chien et une chienne
privés d'exercice et presque d'air, et qu'on les eût
fait reproduire par consanguinité. Ne sait-on pas que,
entre animaux de même espèce, de même race, les
Durhams ou les New-Leicester, par exemple, l'infécondité survient après un nombre variable de générations, de trois à six, par exemple, si l'on emploie
la consanguinité, ajoutée à la stabulation perma-
nente?

Nous pensons que si on voulait tenter de nouvelles
expériences d'hybridation, en conservant autant que
possible les animaux dans leur milieu habituel, et
en opérant sur plusieurs familles, afin de ne pas
avoir recours à la consanguinité, on ne tarderait
pas à obtenir un grand nombre d'hybrides doués
d'une fécondité continue.

Quelques-uns, ne pouvant plus que difficilement
nier la fécondité des hydrides, ont trouvé un nouvel
argument : ils disent que lorsque les hybrides sont
doués de fécondité continue, ils font invariablement
retour à l'un des deux types. Un des hybrides de
louve et chien obtenus par Buffon, un mâle fut donné
à M. Leroi, lieutenant des chasses et inspecteur du
parc de Versailles, et fut très-probablement placé
dans des conditions de liberté relative ; son proprié-

taire dit qu'il ressemblait plus au loup qu'au chien, qu'à six mois il devint méchant, qu'il aboyait rarement le jour, et que la nuit il ne poussait que des hurlements. Mais si l'atavisme se produit dans la ressemblance générale pendant le croisement, pourquoi ne se produirait-il pas dans l'hybridation? Qui affirmera que le produit de cet hybride mâle ressemblant au loup avec une hybride femelle n'eussent pas, les uns ou les autres, offert une ressemblance plus générale avec le chien? Qui niera que, suivant qu'on rapprochera davantage les conditions d'existence des hybrides du milieu dans lequel vivait l'une ou l'autre des espèces, on ne puisse faire varier ces hybrides plutôt vers l'une que vers l'autre? On a souvent nié l'existence des léporides en les stigmatisant du nom de simples lapins; qu'y aurait-il de surprenant, après tout, à ce que ce léporide se rapprochât davantage, élevé en captivité, de celle des deux espèces depuis longtemps domestiquée. De ce que M. Flourens, dans l'hybridation du chien et du chacal, a pu, employant toujours le type chien avec les femelles hybrides, ramener le type des produits après quatre générations au type chien, et inversement en employant le type chacal, les ramener à ce type après le même temps, s'ensuit-il que ces hybrides, placés dans des conditions favorables et se reproduisant par hybrides, eussent fait retour vers l'un ou l'autre des deux types?

On a commencé par nier l'existence du léporide, puis on a nié sa fécondité continue; enfin, lorsqu'il a été impossible de nier l'existence et la fécondité,

on a répondu que s'il se reproduisait au delà de la
quatrième génération, ce ne serait qu'en faisant
retour vers l'un ou l'autre des types qui lui ont
donné naissance.

Disons donc ce qu'est le léporide, comment on
l'obtient, comment et avec quels caractères il se
reproduit.

Lièvre et lapin appartiennent chacun, nous l'avons
vu, à deux espèces zoologiques distinctes. Buffon,
bien qu'il eût vainement tenté de les marier, n'en
regardait pas moins l'hybridation comme possible.
En 1780, Amoretti, en Italie, avait examiné l'hybride d'un lapin avec une hase ; en 1831, Thursfield
et Robert Owen, en Angleterre, avaient décrit l'hybride d'un bouquin avec une lapine. M. Broca, en
1858, fit savoir à l'Académie des sciences que M. Al-
fred Roux, président de la Société d'agriculture
d'Angoulême, produisait zootechniquement, depuis
1847, ces hybrides, auxquels il donna le nom de
Léporides. Procédant par l'union du lièvre et de la
lapine, accouplant les produits hybrides entre eux
jusqu'à la quatrième génération, puis donnant alors
à ces femelles quarteronnes un métis de premier
sang, il obtenait des trois huitièmes lapins auxquels
il se tenait, et qui constituaient, suivant M. Broca,
une race intermédiaire et durable, ne retournant ni
à l'une ni à l'autre des espèces mères. Dès 1857,
six à sept générations avaient déjà été obtenues, et
dans le courant de l'année M. Roux avait vendu plus
de 1 millier de ses produits sur le marché d'Angoulême. Une longue polémique s'ensuivit, les uns

niant obstinément, les autres affirmant sans pouvoir fournir de preuves.

M. Eug. Gayot, ancien directeur général des haras, membre de la Société centrale d'agriculture, prit alors en main la question dont il voulait obtenir une solution quelle qu'elle fût, négative ou affirmative; il installa auprès de Montlhéry d'abord, puis à Bretigny-sur-Orge (Seine-et-Oise), un clapier dans lequel il expérimenta la reproduction du lièvre en captivité, puis son hybridation avec le lapin sauvage et domestique. C'est à lui qu'on doit la connaissance de tous les faits qui se sont produits quant à cette question, et qu'il a consignés dans un travail extrêmement intéressant, que nous nous attacherons à résumer aussi succinctement et méthodiquement qu'il nous sera possible [1]. M. Gayot a produit et reproduit ou a vu produire et reproduire, sous ses yeux, plus de deux mille hybrides de lièvres et de lapins.

Pendant quatre ans il tenta vainement d'obtenir des levreaux en captivité; c'est à lui qu'on doit de savoir que la hase porte de quarante à quarante-deux jours, et non pas trente à trente-deux comme la lapine, ainsi que l'avaient affirmé jusqu'ici tous les naturalistes. Il obtint enfin un mâle qui consentit à s'allier successivement avec quatre lapines; il en résulta vingt-huit léporides, parmi lesquels un couple fut choisi pour la reproduction. « Les femelles, dit le sagace expérimentateur, les femelles unies au

---

[1] *Les petits quadrupèdes de la maison et des champs*, Paris, Firmin Didot, 1871, 2 vol. in-8°.

lapin sont devenues mères fécondes. Bien que ressemblant plus au lapin qu'au lièvre, ce qui est vrai-
ment bien naturel, les petits n'ont pas perdu tout
souvenir du mariage hybride qui a donné naissance
à leurs mères. Ils tiennent encore de leur grand-
père certains traits qui iront en s'affaiblissant et
s'effaceront plus ou moins rapidement, mais dont,
grâce à l'hérédité, la trace pourra subsister sur plusieurs générations. A la quatrième, je retrouve encore les traces du lièvre dans le manteau et dans la
conformation de la tête. »

Faisons remarquer en passant que les éleveurs
procèdent par l'accouplement du bouquin avec la
lapine et non pas du lapin avec la hase, afin d'obtenir une fécondité plus grande, bien que celle-ci soit
moindre pourtant que dans l'espèce pure des lapins,
pendant les premières générations du moins, car
M. Gayot a trouvé chez lui la fécondité aussi active
chez les léporides que chez les lapins. « Les métis
de demi-sang, léporides au premier degré, sont en
général nés plus semblables à la mère qu'au lièvre.
Cependant le pelage gris du lapin avait reçu une
légère teinte de roux, facile à reconnaître; les
oreilles s'étaient un peu allongées et aussi les membres postérieurs, dont la patte était plus forte; la
physionomie était à la fois moins effarée que celle
du lièvre et moins placide que celle du lapin. Accouplés entre eux, ces premiers métis, plus lapins
que lièvres, ont produit, en tout semblables à eux,
des animaux doués d'une fécondité active. Les mâles
se mariant à des lapines ont donné des petits chez

10

lesquels les traits que je viens d'accuser chez le
demi-sang s'étaient en grande partie effacés. Quant
au demi-sang, il ne parut pas à M. Roux qu'il eût
assez prononcés les caractères du lièvre. Il alla donc
plus loin : mariant les femelles demi-sang au lièvre,
il obtint des produits de trois quarts sang ou quarterons. Ceux-ci se rapprochèrent davantage du lièvre,
mais encore plus physiologiquement que physique-
ment. Le port, le manteau, l'aspect général, la physionomie, l'oreille, la longueur des membres, la
patte surtout se présentaient dans une sorte tout à
fait intermédiaire, avec des caractères qui n'étaient,
à proprement parler, ceux d'aucun des ascendants.
Les animaux se développaient rapidement et se fai-
saient admirer par ce côté. Ils se sont montrés
féconds, mais à un degré moindre que le demi-
sang ; leurs portées ordinaires n'étaient que de deux
à cinq petits. Ceci ne promettant pas une race assez
productive, M. Roux eut l'idée d'un autre procédé,
espérant en obtenir enfin le résultat cherché.

« Produire le demi-sang, et à l'aide de celui-ci
arriver immédiatement au trois quarts sang est une
opération de croisement bien connue. A ce degré de
la production mêler l'un à l'autre les deux sortes de
métis, demi et trois quarts sang, c'est faire, à proprement parler, un métissage. C'est le mode employé par M. Roux pour réaliser l'idéal rêvé, un
produit ayant des caractères et des qualités suscep-
tibles d'être fixés par la génération, une véritable
race ayant son individualité, et, grâce à un choix
judicieux de ses représentants pour la repro-

duction, conservant indéfiniment son autonomie.

« Ainsi faite, la race est théoriquement composée de cinq huitièmes lièvre et trois huitièmes lapin. Elle est belle, forte, rustique, précoce et féconde. Son pelage, d'un gris roux, intermédiaire entre la couleur du lièvre et celle du lapin, a toute la consistance du poil de lièvre. Sa tête, pourvue d'oreilles aussi longues que celles de ce dernier, est plus grosse que chez le lapin ; sa physionomie très-éveillée laisse facilement percevoir un sentiment de crainte prompt à se manifester; l'œil est grand, très-ouvert, plus éloigné du sommet que chez le lapin, et partageant à peu près la longueur de la tête en deux parties égales; les membres postérieurs sont presque aussi longs que ceux du lièvre, et se terminent par une patte plus solide et plus forte que ne l'a le lapin. La chair est abondante, mais blanche et d'un goût particulier, qui n'est pas sans analogie avec celui de l'aile de dinde.

« Le croisement poussé à un degré plus élevé, en accouplant une femelle trois quarts sang lièvre avec un lièvre pur, a donné, une fois, une portée de deux petits seulement. M. Roux n'ayant trouvé aucune utilité pratique à persévérer dans cette voie l'a abandonnée et n'y est pas revenu. » Voilà ce qui ressort des expériences du premier créateur des léporides. Voyons ce qu'ont obtenu ses continuateurs.

En 1863, M. Guerrapain, vétérinaire à Bar-sur-Aube, obtenait cinq léporides de demi-sang ; l'une des femelles de cette portée, fécondée par son père, donna cinq produits trois quarts sang en 1864. Un

de ces mâles fut donné à sa mère, et il en résulta,
en 1865, sept produits cinq huitièmes lièvre qui ont
constitué une famille paraissant s'être reproduite
ensuite par consanguinité. En 1868, au concours
régional agricole de Châlons-sur-Marne, M. Thomas,
juge de paix à Saint-Dizier, avait exposé : un lièvre
adulte, père de nombreux léporides ; une petite hase
de quatre à cinq mois ; vingt léporides de demi-sang,
nés des œuvres même du lièvre ; quinze léporides
de demi-sang, résultant de la reproduction *inter se*
de leurs pareils ; quinze léporides trois quarts sang
lièvre ; une lapine sauvage ; et enfin trois lapines
ordinaires, mères de demi-sang ; cette rare collection
valut à son exposant une médaille d'argent. M. Gayot,
au moment où commença la guerre, en 1870, possédait dans son clapier vingt et quelques lièvres,
pour la plupart nés chez lui, des léporides de demi-
sang arrivés à leur septième reproduction *inter se,*
et enfin deux nichées de léporides trois quarts sang
lièvre. Enfin des léporides ont été obtenus aussi chez
M. le baron de Beaufort, à Verdun-sur-Meuse, et
chez le commandant du fort d'Aubervilliers, près de
Paris. L'existence authentique, incontestable, légale
des léporides est donc devenue aujourd'hui un fait
acquis, et qu'on ne songe plus à discuter. Voyons
maintenant quels caractères ils présentent, comparés
à leurs auteurs.

Le léporide, hybride du lapin et du lièvre, est un
être mixte, possédant en certaines proportions les
caractères de l'une et de l'autre espèces mères. Une
particularité à noter, c'est qu'il ne donne jamais ce

coup de talon si caractéristique du lapin en cas d'a-
lerte et tout à fait étranger au lièvre. Ceux qui naissent d'une lapine, déposés dans un nid, ouvrent plus
vite les yeux que les lapereaux, se couvrent plus tôt
de poils et sortent du nid de meilleure heure. Ceux
qui naissent d'une hase, déposés sur un petit tas de
litière, soigneusement préparé à l'avance, se traî-
nent aussitôt comme des chenilles et courent dans
la cabane au bout de trois jours. Les léporides femelles, quel que soit le degré de sang lièvre qu'elles
possèdent, ne portent que de trente à trente-deux
jours comme la lapine.

Au point de vue de la conformation extérieure,
« le *manteau* n'est celui ni du père ni de la mère,
et je ne fais pas ici allusion seulement à la couleur,
je parle de la fourrure en tout ce qui lui est propre.
Jamais lièvre ni lapin n'ont eu cette *tête* qui a sa
caractéristique très-accentuée. L'*oreille* est nouvelle,
l'*œil* se distingue aussi ; il n'est pas noir comme celui
du lapin ; il ne présente pas le beau cercle jaune de
celui du lièvre ; il est feuille morte teinté de brun,
et sépare en deux parties égales la distance du sommet de la tête au museau ; il est large, très-grand et
très-vif. La *face* a quelque chose de particulier ; elle
est large et le museau est court. Les *membres* et la
queue sont intermédiaires pour la longueur. Les
pattes de devant sont beaucoup plus fines que chez
le lapin ordinaire. » (Eug. Gayot.) Il y a, dans les
croisements comme dans l'hybridation, des caractères qui fusionnent et deviennent mixtes dans le
produit, et d'autres qui restent intacts et se trans-

mettent tels, tantôt de la part du père, tantôt de la part de la mère. Ces derniers se présentent fréquemment dans le croisement, mais Isidore Geoffroy Saint-Hilaire a remarqué qu'ils sont très-rares dans l'hybridation.

Quant à la fourrure, « celle des léporides est composée de deux sortes de poils : de poils rudes ou jarre, très-longs, de la couleur des poils de la même sorte du lièvre, qui donne ainsi à l'animal son pardessus, et de poils courts formant une épaisse toison, laquelle est en réalité le vêtement de dessous. C'est le duvet qui recouvre immédiatement la peau et enveloppe chaudement le corps, faisant l'office de ces étoffes que nos tailleurs nous vendent sous le nom plus ou moins exact d'*édredon*. Le duvet, à la fine structure, est efficacement protégé par les longs poils ou enveloppe extérieure; il revêt plus le caractère apparent du duvet propre au lapin que le caractère apparent du duvet propre au lièvre. C'est le contraire pour les poils d'autre sorte. Tel est le manteau des premiers hybrides, des produits de première génération, directement issus du lièvre et de la lapine, ou de la hase et du lapin. »

Prié, en 1867, par M. Gayot, de vouloir bien faire une étude microscopique des poils et duvets de lièvre, de lapin sauvage, de lapin domestique, et de leurs hybrides de demi et trois quarts sang, nous lui fournîmes la note suivante reproduite dans son travail précité :

« *Poils*. Dans tous les poils de lapin domestique ou sauvage que vous avez bien voulu me remettre, j'ai trouvé que les cellules (cavités médullaires)

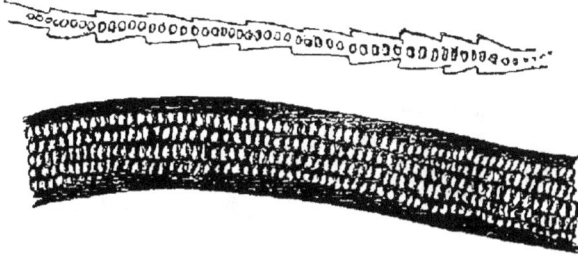

Fig. 31. Poils et duvets de lièvre, différentes grosseurs.

avaient une forme plus franchement sphérique,

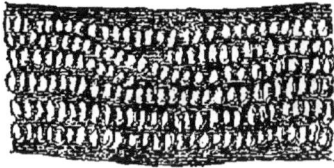

Fig. 32. Poils et duvets de lièvre, différentes grosseurs.

étaient plus éloignées les unes des autres, en même

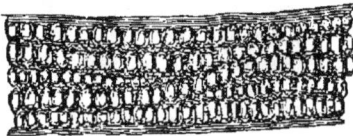

Fig. 33. Poils et duvets de lapin sauvage

temps que les lignes de ces cellules étaient aussi
plus espacées et s'anastomosaient moins fréquem-

ment les unes avec les autres, prenant souvent l'as-

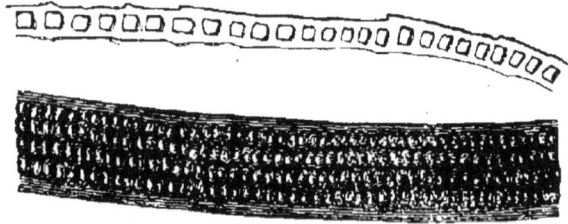

Fig. 34. Poils et duvets de lapin domestique.

pect de cylindres de monnaie empilée ; les lignes de

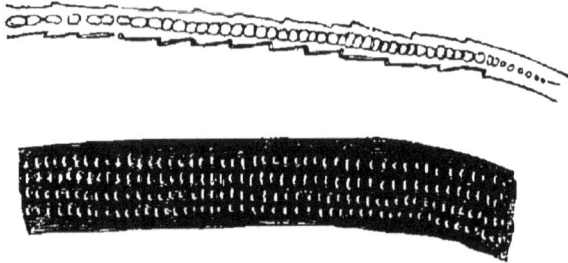

Fig. 35. Poils et duvets de léporide, demi-sang.

ces cellules sont aussi plus rapprochées et s'anasto-

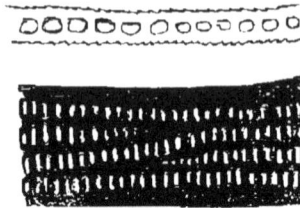

Fig. 36. Poils et duvets de léporide issu de lapin sauvage et de
léporide demi-sang.

mosent plus fréquemment. L'épiderme de ces poils

m'a paru ordinairement aussi plus épais que dans le lapin, à diamètre égal.

« Le poil des léporides m'a toujours paru, par sa structure, présenter des caractères mixtes entre ceux

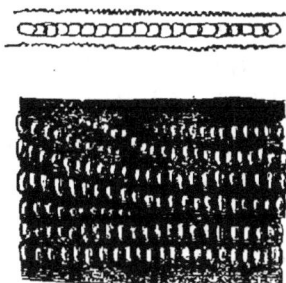

Fig. 37. Poils et duvets de léporide demi-sang.

des deux espèces, se rapprochant plus ou moins des poils de lapin ou de lièvre, suivant qu'ils ont plus

Fig. 38. Poils et duvets de lapin de saint Pierre.

de sang de l'un ou de l'autre; les rangs de cellules sont plus rapprochés que dans le lapin et moins que dans le lièvre. Les caractères m'ont paru s'accentuer à mesure que croît la dose de sang lapin ou lièvre. Dans tous, bien entendu, le nombre des rangées de cellules est variable suivant le diamètre du

poil, et diminue à mesure qu'on se rapproche de la
pointe et parfois même de la racine.

« *Duvets*. Vu à un même grossissement, le duvet
du lièvre présente des lamelles écailleuses épidermiques très-nombreuses et très-saillantes ; elles sont
rares et figurent à peine des ondulations très-brèves
dans le duvet du lapin ; elles sont moins rapprochées
et moins saillantes dans le léporide que dans le lièvre, mais toujours sensiblement plus que dans le
lapin, se rapprochant de la structure du duvet de
lapin ou de lièvre suivant la dose de sang donnée
par l'un ou par l'autre.

« Il n'y a dans le duvet des trois animaux qu'une
seule rangée de cellules médullaires ; la forme de
ces cellules varie toujours dans le même brin, suivant qu'on le considère à la pointe, au centre ou
vers la racine ; près des extrémités, elles s'allongent
sensiblement suivant le grand axe du brin, et elles
sont plus distancées entre elles. Je crois avoir remarqué dans ces cellules les mêmes différences de
forme que dans les poils des mêmes animaux. Elles
sont plus sphériques et espacées dans le lapin, plus
aplaties et plus rapprochées dans le lièvre, intermédiaires à divers degrés dans le léporide. »

Nous pensons fixer encore mieux ces caractères
que nous avons cru trouver dans chaque espèce, en
joignant ici le tableau des chiffres obtenus comme
moyennes d'un grand nombre d'observations :

Espèces des animaux.	POILS.			DUVETS.	
	Diamètre d'un brin.	Nombre de cellules par 0ᵐ 01 de long.	Nombre de cellules dans le diamètre.	Diamètre d'un brin.	Nombre de cellules par 0ᵐ 01 de long.
Lièvre sauvage. .	0ᵐᵐ 16	5.0	6.0	0ᵐᵐ 020	4.5
Lapin sauvage. .	0 12	4.0	5.0	0 025	5.5
Lapin domestique	0 20	4.5	4.5	0 030	4.0
Croisé de lapin sauvage et léporide demi-sang.	0 13	4.0	4.0	0 023	4.0
Lapin de Saint-Pierre.	0 12	4.5	5.0	0 035	4.0
Léporide de demi sang.	0 20	5.0	7.0	0 020	5.0

On sait que c'est le nombre et le développement
en saillie des lamelles épidermiques du poil ou du
duvet qui déterminent leur aptitude au feutrage. A
ce point de vue, les chapeliers et les bonnetiers savent que les poils et duvets du lièvre méritent la
première place ; le léporide viendrait donc en second
lieu, puis en dernier, le lapin sauvage et domestique.

Nous avons vu qu'il existait une race de lapins
domestiques à longs poils, à duvet abondant ; portant enfin une fourrure fine, soyeuse, ondoyante ;
celle d'Angora, dont la toison est cardée, filée, puis
tricotée ; et une autre race, le lapin riche ou argenté, demi-angora par la longueur du poil et du
duvet, très-recherchée pour la pelleterie. Or, la
production des léporides a donné lieu chez M. Roux
et chez M. Gayot à un singulier fait, qui répandra
prochainement sans doute la lumière sur l'origine

de ces races comme de celles à oreilles larges et pendantes.

Chez M. Roux, d'après M. Paul Broca, dans tous les jeunes léporides et sur beaucoup d'adultes ayant trois huitièmes de sang lièvre, les oreilles ne sont pas parallèles comme chez les animaux d'espèce pure ; l'une d'elles est dressée, l'autre pendante, et cela suffit pour donner à l'animal une physionomie toute particulière. Ce caractère est beaucoup plus prononcé chez les trois quarts et chez les trois huitièmes de sang que chez ceux de première génération ; il semble donc qu'il se prononce davantage à mesure qu'on se rapproche de l'espèce lièvre. Chez les adultes, la seconde oreille se redresse plus ou moins et quelquefois tout à fait, mais cela n'est pas constant.

« On voit souvent apparaître, continue le savant docteur, parmi les léporides, comme parmi les lapins d'espèce pure, une variété d'albinos et une autre variété aux longs poils, dont l'aspect rappelle celui des lapins angoras. J'avais été frappé, à ma première visite (chez M. Roux), du grand nombre d'animaux de ces deux variétés, ils m'avaient paru plus communs chez M. Roux que dans les clapiers ordinaires. Mais, à une seconde visite, je n'en ai trouvé qu'un très-petit nombre, et M. Roux m'a assuré que, somme toute, les variétés albinos et angora sont plus rares chez les léporides que chez les animaux pur sang. »

M. Gayot confirme ce fait de variation de la fourrure : « A partir de la seconde génération, dit-il,

dans presque toutes les portées données par les
léporides de demi-sang se reproduisant entre eux,
se voient un ou plusieurs petits dont la fourrure se
montre bientôt différente. Le duvet s'allonge considérablement ; le jarre est beaucoup plus rare ; le
manteau tout entier prend un caractère soyeux, qui
n'est celui du duvet ni du lièvre ni du lapin. Le
poil, la soie, voulais-je dire, est d'une finesse et d'une
douceur extrêmes, de nuance légère mais variable,
havane chez quelques animaux, d'un beau gris cen-
dré chez d'autres, ardoise plus foncé ou fauve brillant et doré chez d'autres encore. »

« Le premier né de ces léporides longue soie, seul
dans la nichée dont il faisait partie, ne m'était ap-
paru que comme un accident, mais d'autres étant
venus à la suite, et cette production se répétant dans
les mariages entre léporides de deuxième, troisième
et quatrième génération, *inter se,* le fait a nécessairement attiré mon attention. J'ai laissé grandir
ces animaux longue soie, et je les ai accouplés entre
eux, m'attendant à voir naître des produits différents : les uns longue soie aussi, les autres en tout
semblables à leurs ascendants par la nature du manteau. A l'heure qu'il est, j'ai obtenu deux belles nichées, l'une de neuf, l'autre de huit petits ; tous sont
longue soie... Maintenant, quelle peut être la source
de cette importante et très-inattendue déviation de
la fourrure des léporides, à partir de la deuxième
génération de ces hybrides entre eux, et pourquoi
ne s'est-elle encore, en aucun cas, fait observer
dans les produits de la première génération ? Ma

11

première pensée avait été que, parmi les ascendants
des producteurs lapins mariés au lièvre, il y avait
sûrement quelque angora. Après enquête, après des
recherches et des informations très-sûres, j'ai dû
renoncer à cette interprétation et reconnaître que la
reproduction des léporides longue soie n'a rien em-
prunté à un coup en arrière, n'est point par conséquent un effet d'atavisme.

» Que s'il me faut absolument donner ici une explication, je dirai : Dans tout mélange des espèces, le produit, selon toute apparence, ne sort pas du premier jet,
complet, mais encore inachevé, pour ainsi parler, d'une
première rencontre, au premier sang, dès la première
génération, en un mot. Il reste sans doute, après cette
ébauche plus ou moins incertaine, à parachever une
œuvre imparfaite, à terminer celle qui a seulement
pu être commencée. Or, ce travail sera la tâche des
générations ultérieures, pendant le développement
desquelles s'établit peu à peu, *gradatim,* le nouvel
équilibre vital de l'animal qui survivra, j'allais dire
de la nouvelle espèce qui surgira pour prendre place
au milieu de celles qui appartiennent depuis longtemps à l'homme. Au surplus, le poil des léporides
de demi-sang, à ne considérer que sa longueur, est
déjà un acheminement vers la longue soie. » Quoi
que vaille cette explication philosophique, il n'en
est pas moins certain, nous l'avons vu, que les
mêmes faits s'étaient déjà et fort antérieurement
produits dans le clapier de M. Roux. Nous regret-
tons qu'on n'ait pas cherché la confirmation du phé-
nomène très-curieux, en hybridant la lapine sau-

vage et non plus domestique, par le lièvre, afin de
rechercher si la même modification se produirait
dans la fourrure après un certain nombre de générations, sinon à la première, des hybrides de demi-
sang entre eux.

Quoi qu'il y en ait, il devait y avoir une utilité
quelconque à retirer de ces longues soies : l'esprit sagace de M. Gayot ne pouvait manquer de la
rechercher. « Il m'est aussi venu à la pensée, con-
tinue-t-il, que la longue soie des léporides pourrait
fournir à l'industrie une nouvelle matière première
propre à la fabrication d'étoffes légères de luxe, soit
qu'on l'emploie seule, soit qu'on la mélange à de
très-belles qualités de coton, de laine, de cache-
mire ou de soie. C'est une prétention un peu haute,
mais pas trop haute, attendu que cette longue soie
supporte toutes les sévérités d'examen des connais-
seurs... Je puis dire, dès à présent, que la fourrure des léporides longue soie diffère de celle des
lapins angoras en ce qu'elle ne se pelotonne pas et ne
tombe pas par mèches à la maturité; elle ne vient
pas au peigne lorsqu'on passe cet instrument sur
l'animal. Pour l'avoir, il faut tondre ce dernier
comme on tond les brebis. »

Dans un *post-scriptum*, M. Gayot reproduit une
lettre de MM. Bonnet frères, fabricants à Tarascon
sur Rhône, et contenant une appréciation de la
longue soie relativement à la chapellerie. En voici
quelques extraits :

« Le poil de léporide longue soie présente les
caractères extérieurs du poil de lièvre ; il en a

le *pied blanc*, les ondulations, l'éclat soyeux. Un de nos amis d'Avignon, coupeur de poil, à l'examen de qui nous l'avons soumis, nous a dit : « C'est » du poil de lièvre. » Ce serait sans doute pour la pelleterie une bonne acquisition. Les pelletiers-fourreurs teignent les peaux de lapin pour imiter certaines fourrures plus chères, et recherchent les longs poils. Cette toison prendrait à la teinture plus d'éclat que le poil de lapin. Pour la chapellerie, le poil serait bien long ; le poil de longueur moyenne vaut mieux pour le feutrage. »

« ... Le pelage des léporides ordinaires et lapins de Saint-Pierre n'a plus, comme l'échantillon cité plus haut, cette ressemblance frappante avec le poil de lièvre. Il se rapproche du poil de lapin, dont il a le *pied bleu*, mais il est plus soyeux... Si, comme nous le présumons, ce poil tient le milieu (au feutrage) entre le lièvre et le lapin, il vaudra 50 p. 100 de plus que le poil de lapin ; la moyenne étant, au kilogramme, de 15 francs pour le lapin et de 30 francs pour le lièvre. (Ce serait 22 fr. 50 cent. pour le léporide ordinaire.)

» Ce serait une grande conquête pour l'industrie du vêtement. Le poil de lapin domestique manque de l'énergie propre au lapin sauvage et au lièvre, de la résistance au travail et à l'user, qui caractérise plus particulièrement le poil de lièvre. D'autre part, la peau de lièvre se raréfie tous les jours de plus en plus sur les marchés de peaux ; les paysannes russes, plus aisées qu'autrefois, s'en font des fourrures, et il s'en vend moins aux pelletiers, tandis qu'on peut produire à volonté du lapin de clapier et du lapin de garenne.

» Au point de vue de la chapellerie, la couleur gris bleu des léporides et lapins de Saint-Pierre est bonne. C'est elle qui fait les meilleures nuances de chapeaux, c'est celle surtout qui indique la plus grande énergie au feutrage (pour le poil du lapin). La vigueur du poil décroît à mesure que la couleur s'éclaircit, le poil blanc est celui qui *marche* le moins au feutrage; le lièvre blanc de Chine ne feutre presque plus, on dirait du coton; il n'a plus qu'une faible étincelle de cette vitalité qui survit à la mort de l'animal. » On voit, qu'après nouvelles expériences, il peut y avoir là matière à une industrie nouvelle et lucrative pour les éleveurs.

Nous venons de voir quels sont les caractères du léporide comparés au lièvre et au lapin quant à sa conformation extérieure et quant à sa fourrure. M. Eug. Gayot me remit, en février 1868, des crottins récoltés le même jour dans son clapier, de lièvre, de lapin de garenne, lapin domestique et léporide, tous soumis au même régime, en me priant d'en faire faire l'analyse chimique. Ces crottins variaient en forme, en diamètre, en couleur et surtout quant à la dimension des particules ligneuses de fourrages qui y étaient contenues et parfaitement visible. Les crottins du lièvre étaient de forme ovoïde, un peu aplatis sur leurs deux faces correspondantes et terminés par une petite pointe à l'une de leurs extrémités; ils étaient de couleur gris clair, piquetés de fragments jaune paille de fourrages;

huit de ces crottins, pesés quarante-huit heures après leur production, pesaient 1 gramme 65 centigrammes. Ceux du lapin domestique étaient plus gros, plus sphériques, d'une couleur brun noirâtre, piquetés de plus rares et beaucoup plus fines particules de fourrages; huit d'entre eux pesaient 3 grammes. Dans ceux du léporide demi-sang, la forme et la couleur étaient mixtes, les particules de fourrages moins grossières et moins abondantes que dans ceux du lièvre, mais plus que dans ceux du lapin; huit d'entre eux pesaient 2 grammes 25 centigrammes. Ceux du lapin sauvage étaient plus petits, de couleur moins foncée que ceux du lapin domestique; les piquetures étaient, comme nombre et diamètre, à peu près comme chez le léporide; huit ne pesaient que 60 décigrammes.

Or, la coloration des crottins de ces animaux soumis à un régime semblable, devait tenir à la proportion de la bile surtout qui avait été versée sur la masse alimentaire pendant l'acte digestif. Le diamètre et la quantité des particules de fourrages restant dans ces crottins devait permettre de juger de la perfection de la mastication et de l'activité assimilatrice des animaux. On comprend que le lièvre, toujours inquiet et si souvent dérangé, vivant en plein air au milieu de ses nombreux ennemis, mastique sommairement, à la hâte, tandis que le lapin de garenne, qui pâture sous la garde de factionnaires, et peut facilement chercher un abri, temporaire sous un buisson ou définitif dans son terrier, prend mieux son temps et s'ébat même volontiers

entre deux goulées. Mais nous avouons moins comprendre, quant au lapin domestique, les résultats
obtenus dans l'analyse suivante, dont, sur ma de-
mande et comme intermédiaire de M. Gayot, voulut
bien se charger M. Henri Welter, alors répétiteur de
chimie à l'école d'agriculture de Grignon.

Ces différents crottins, délayés et lavés sur un fin
tamis, laissèrent sur la toile les quantités suivantes
de ligneux provenant des aliments non digérés :

```
Léporide. . . . . . . . .  34.80 p. 100
Lapin de garenne. . . . .  54.70   —
Lièvre.. . . . . . . . . .  59.40   —
Lapin domestique. . . . .  75.80   —
```

Cet ordre serait celui dans lequel nos divers animaux devraient être rangés quant à la perfection de
leur mastication, première condition d'une utile
digestion.

Une autre partie des crottins fut traitée par l'é-
ther, afin de doser les substances solubles dans ce
liquide, mucus, bile, matières grasses, huile aromatique, etc. Dans cet essai, la proportion des principes solubles se montra la suivante pour les divers
animaux :

```
Léporide. . . . . . . . .  3.44 p. 100
Lièvre. . . . . . . . . .  3.66   —
Lapin de garenne. . . . .  5.20   —
Lapin domestique. . . . .  5.96   —
```

Combinant ces deux données, M. Gayot fait remarquer qu'elles donnent le classement de ces ani-

maux d'après leur ordre de précocité relative : 1° Léporide, 2° lapin de garenne, 3° lièvre, 4° lapin domestique, et ce classement, il l'a toujours trouvé complétement justifié par les résultats pratiques de son
clapier. « A régime égal, ajoute-t-il, sous l'influence
des mêmes rations alimentaires, les animaux dont
la naissance est la plus rapide, ceux dont la maturité est la plus hâtive, sont très-certainement les
léporides, et les derniers qui arrivent à maturité
sont les lapins ordinaires. »

Reste à examiner la qualité de la chair. M. Broca,
sur le rapport de M. Roux, avait déjà écrit : « Tous
les léporides, quels qu'ils soient, ont la chair semblable à celle du lapin sauvage, c'est-à-dire à peine
plus foncée que celle du lapin domestique, et les
quarterons eux-mêmes, sous ce rapport, sont beaucoup plus rapprochés du lapin que du lièvre. J'ai
cru d'abord que c'était le résultat de la domesticité,
mais je sais maintenant que les lièvres domestiques
ont la chair presque aussi rouge que les lièvres sauvages. La couleur des muscles n'est donc pas le résultat du genre de vie, c'est un caractère spécifique,
original, que l'alimentation et l'exercice peuvent
modifier dans une certaine limite, mais qui établit
toujours une différence évidente entre le lapin le
plus sauvage et le lièvre le plus sédentaire. Il est
digne de remarque que l'influence du lapin soit ici
prédominante, même chez les métis quarterons deux
fois croisés du lièvre. »

M. Gayot confirme et complète ces assertions :
« En ce qui concerne la viande des léporides de quart

sang, petits-fils de hase, elle n'est plus blanche comme celle du lapin ordinaire, elle n'est plus simplement striée de rouge comme celle du lapin de Saint-Pierre, ou légèrement rosée comme celle des léporides nés de bouquin et de lapine, elle est de couleur noirâtre, d'une nuance qui n'a même rien d'agréable à l'œil. Je lui trouve sous ce rapport deux pendants, la couleur du mulâtre et la couleur de la pintade, deux nuances peu plaisantes. On s'habitue aisément à la couleur de la peau du mulâtre; on se raccommode bien vite avec la couleur peu avenante de la peau de la pintade lorsqu'on goûte à la chair. Il en est de même de la viande exquise de ce léporide. On la mange avec plaisir, avec sensualité, pour peu qu'on soit gourmand ou gourmet, soit en civet, soit en rôti. C'est un morceau de choix et très-délicat qu'un derrière de ce léporide à la broche. Crue, la viande est rouge et très-riche en sang; cuite, elle est, je le souligne, plus noire que blanche. » Malheureusement notre judicieux et persévérant expérimentateur ne put pousser plus loin ses études. La guerre de 1870 survint; les Prussiens dévastèrent le clapier de Bretigny, et mirent à la broche lièvres et léporides comme de simples animaux des champs; une partie seulement des animaux d'expérience fut sauvée par madame Henri Jubien, et transportée au petit hameau voisin, de Saint-Pierre. Les études pourront donc être continuées.

De tout ce que nous venons de voir, il résulte pour tous que l'existence du léporide, que l'hybridation du lièvre et du lapin est un fait incontesta-

11.

ble, aussi bien que leur fécondité continue. Pour les lecteurs de bonne foi, et sans idées préconçues comme sans parti pris, il ressort que ces hybrides renferment, fondus en eux, des caractères mixtes de chacune des deux espèces, qu'ils se reproduisent avec ces caractères mixtes sans faire prédominer le sang d'aucune des espèces lorsqu'on les accouple entre eux, qu'ils peuvent enfin former une race, témoin la race de Saint-Pierre qui a aujourd'hui dépassé sa vingt-cinquième génération sans doute.

Au point de vue pratique, il résulte des expériences de MM. Roux et Gayot que le léporide est plus précoce dans son développement que le lapin, qu'il est meilleur assimilateur et qu'il se montre aussi fécond [1]. Nous avons également vu que les léporides longue soie peuvent fournir une matière première précieuse aux industries de la chapellerie, de la bonneterie et du tissage, un produit avanta-

---

[1] Les léporides quarterons ne font que de deux à cinq petits par portée, ils sont trois quarts lièvre et un quart lapin; les léporides trois huitièmes lapin et cinq huitièmes lièvre donnent de cinq à huit petits qui s'élèvent sans aucune difficulté et ont même la vie plus résistante que les lapereaux, ils prennent très-rapidement leur croissance et sont déjà capables de se reproduire dès l'âge de quatre mois. La femelle porte de trente à trente-deux jours comme la lapine, elle allaite pendant vingt à vingt-cinq jours. Les léporides à l'âge d'un an pèsent déjà quatre à cinq kilos; plusieurs atteignent six à sept kilos; l'un d'eux est même parvenu à 8 kilos. A Angoulême, le prix des léporides âgés de quatre mois, pour la consommation, est en moyenne de deux francs.

geux pour l'éleveur, au moins à l'égal des races argenté et angora.

Au point de vue scientifique, il est démontré que le lièvre est domesticable et se reproduit facilement en captivité lorsqu'on sait le placer dans des milieux favorables. Est-il absurde de penser, avec un grand nombre de chasseurs et quelques naturalistes, que cette hybridation, aujourd'hui obtenue zootechniquement, se soit, dans certains cas et dans certains lieux, produite spontanément, naturellement, entre les deux espèces sauvages? Est-il d'ailleurs impossible que quelques éleveurs ne l'aient pratiquée dans le mystère, ainsi que le faisait M. Roux depuis douze ans, lorsque M. P. Broca en instruisit le public? N'est-il pas possible enfin que quelques races de lapins de grande taille, dont la fourrure se rapproche sensiblement de celle du lièvre (smuth, belge, bélier) aient été obtenues au moyen d'infusion du sang lièvre? Et si, d'une lapine et d'un lièvre résultent des angoras, quelle pourrait bien être l'origine de la race qui porte ce nom?

A mesure qu'on y réfléchit davantage, n'est-on pas plus porté à penser que notre lapin domestique ne descend point du lapin sauvage, mais bien de quelque autre type disparu, ainsi que le pense M. P. Gervais?

On a presque toujours procédé par le bouquin et la lapine, parce que la difficulté était moins grande. Cela est bien au point de vue pratique, mais au point de vue scientifique, nous ne saurions trop conseiller de procéder à l'inverse, de marier le lapin avec la

hase, et d'accoupler entre eux pendant un certain
nombre de générations les produits hybrides. Il y a
là toute une source d'études nouvelles et qui pourraient jeter un grand jour sur la question. Les produits seront-ils les mêmes quant à l'aspect général
et aux détails de leur personne? Nous ne le pensons
pas, d'après ce qui se passe chaque jour dans le
croisement. Ces essais d'ailleurs permettraient sans
doute d'attribuer à chacun sa juste part dans la fécondité, le pelage, la chair, etc. Faisons des vœux
pour que l'œuvre de M. Gayot soit continuée ou
reprise par un observateur aussi consciencieux et
aussi dévoué que lui.

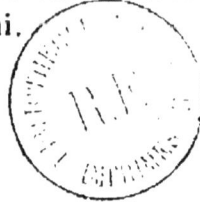

FIN.

TABLE DES MATIÈRES.

FIN DE LA TABLE.

TRAITÉ

DES

OISEAUX DE BASSE-COUR

D'AGRÉMENT ET DE PRODUIT

RACES — CHOIX — ÉLEVAGE — PONTE — ENGRAISSEMENT
COMMERCE — PIGEONNIERS ET COLOMBIERS
VOLIÈRES ET BASSES-COURS — CHAPONS ET POULARDES
ŒUFS ET VIANDE — PLUMES — ACCLIMATATION

Par A. GOBIN

Professeur de zootechnie et de zoologie à l'École d'agriculture de Montpellier

Un vol. in-18 jésus, orné de 85 figures intercalées dans le texte dessinées par H. GOBIN, gravées par BISSON et JACQUET

1874. — **Prix : 3 fr. 50 [4 fr. franco]**

Ce livre diffère de ceux écrits jusqu'ici sur le même sujet, en ce que l'auteur s'est attaché à y faire une part relativement égale à la théorie et à la pratique. Il ne suffit point de donner des conseils à la fermière, il faut les justifier si l'on veut les voir ponctuellement suivis. Quand on agit, il est bon de savoir pourquoi. La routine suit la tradition, la pratique éclairée se renseigne près de la science.

Une autre distinction a été rigoureusement observée : celle des oiseaux entretenus pour l'agrément et ceux nourris pour le profit; la basse-cour de l'amateur et celle du fermier.

Dans ce petit Traité, enfin, l'auteur a su rester méthodique, clair, et surtout complet.

PRÉCIS PRATIQUE

DE

L'ÉLEVAGE DES LAPINS

LIÈVRES, LÉPÔRIDES

EN GARENNE ET CLAPIER

Domestication, Croisements, Engraissement, Hybridation, Produits

Par A. GOBIN

Professeur de zootechnie et de zoologie à l'École d'agriculture de Montpellier

Un volume in-18 jésus, orné de nombreuses figures
intercalées dans le texte.

1874. — Prix : 2 francs franco.

Le clapier n'a pas reçu en France tout le développement qu'i
y aurait dû prendre, et qu'il a reçu dans d'autres pays. Cel;
paraît tenir surtout à des insuccès, dont la principale, sinoi
l'unique cause, se trouve dans l'ignorance des lois d'hygièn(
qui doivent régir ces petits mammifères. Ce sont ces principe
que l'auteur s'est attaché à développer et à justifier par la phy-
siologie et l'observation des faits.

L'élevage, le croisement, l'engraissement, les produits diver;
des lièvres et lapins, l'union de ces deux espèces pour en obteni;
le léporide, ont été traités d'une manière précise, claire e
pratique.

**PRÉCIS ÉLÉMENTAIRE DE SÉRICICULTURE PRA·
TIQUE**, mûriers et vers à soie, production, industrie, com-
merce, par A. GOBIN. Nombreuses figures dessinées par
H. Gobin; in-18 jésus. Prix : 3 fr. 50. — 4 francs franco.

LA LAITERIE

ART DE TRAITER LE LAIT

DE FABRIQUER LE BEURRE

ET LES

PRINCIPAUX FROMAGES FRANÇAIS ET ÉTRANGERS

Par A. F. POURIAU

Docteur ès sciences,
professeur à l'École d'agriculture de Grignon, etc.

Ouvrage couronné par la Société centrale d'agriculture de Paris

Contenant 430 pages et 125 figures dans le texte

1872. — Prix : 4 fr. [4 fr. 50 *franco*]

Ce livre est le plus complet de ceux écrits jusqu'ici sur la matière; car, tout en traitant du *lait*, du *beurre* et des *fromages* au point de vue technologique, il renferme, en outre, un certain nombre de chapitres consacrés spécialement aux questions de *production*, de *commerce*, de *consommation*, de *transport*, etc., de ces mêmes denrées.

Rédigé à un point de vue essentiellement pratique, cet ouvrage renferme la description des opérations et des ustensiles nécessaires à la fabrication du beurre et des fromages dans les grandes exploitations, aussi bien que dans les petites fermes ou les maisons de campagne.

Les encouragements dont cette publication a été l'objet de la part du ministre de l'agriculture, l'appréciation favorable des principaux organes de la presse française et étrangère, témoignent de la valeur de ce nouveau traité.

CALENDRIER

DE

L'AMATEUR DE FROMAGES

Par A. F. POURIAU, docteur ès sciences, etc.

Ce Calendrier contient l'indication des fromages qui, suivant les différents mois de l'année, se rencontrent en plus grande abondance chez les détaillants et peuvent être mangés dans les meilleures conditions.

Prix : 25 centimes *franco*.

DE L'INDUSTRIE LAITIÈRE

DANS LES DEUX SAVOIES

Par A. F. POURIAU

Docteur ès sciences, etc.

1873. — Brochure in-8°. Prix : 1 fr. 50 c. *franco*.

DE L'INDUSTRIE LAITIÈRE DANS DIX DÉPARTE-MENTS : Jura, Ain, Doubs, Haute-Saône, Haute-Marne, Côte-d'Or, Yonne, Aube, Meuse, Marne, par A. Pouriau, docteur ès sciences. Brochure in-8. — Prix : 2 francs *franco*.

DU COMMERCE DU LAIT DESTINÉ A L'ALIMEN-TATION PARISIENNE. — **De la Fabrication du fro-mage de Gruyère dans l'Yonne**, par A. F. Pouriau, docteur ès sciences, etc. Brochure in-8°, ornée de figures. — Prix : 2 francs *franco*.

LA PATISSIÈRE DE LA CAMPAGNE ET DE LA VILLE

NOUVELLE ÉDITION.

1 vol. in-12. — Prix : 3 francs.

OFFICE

L'ART DE CONSERVER ET D'EMPLOYER

LES FRUITS

CONTENANT TOUS LES PROCÉDÉS LES PLUS ÉCONOMIQUES
POUR LES DESSÉCHER ET LES CONFIRE
ET POUR COMPOSER LES LIQUEURS, VINS LIQUOREUX ARTIFICIELS
RATAFIAS, SIROPS, GLACES, SORBETS, BOISSONS DE MÉNAGE, ETC.

Quatrième édition

Augmentée des descriptions de plusieurs glacières domestiques et économiques
et d'une fontaine à conserver la glace

Par PIERRE QUENTIN

1874. — 1 vol. in-12 avec figures. 2 fr. [2 fr. 25]

Cet ouvrage est complet; il contient les recettes les plus économiques, les plus faciles, c'est le *livre de tous les ménages; il est dédié aux mères de famille.* Toutes les classes y trouveront des recettes en rapport avec les moyens dont elles disposent.

La réputation que M. Pierre Quentin a su acquérir comme gastronome distingué est une garantie de la valeur de son livre, qui est chaque jour l'objet des demandes les plus nombreuses.

L'ART DE FILER ET COULER

LE SUCRE

TRAITÉ ÉLÉMENTAIRE DE PROCÉDER PAR UN NOUVEAU SYSTÈME

Illustré de pièces modernes

Par LANDRY

CHEF DE CUISINE DE S. EXC. L'AMBASSADEUR DE TURQUIE

1872. — 1 vol. in-12. 2 fr. [2 fr. 25]

LA GRANDE CUISINE SIMPLIFIÉE : *art de la cuisine nouvelle* mise à la portée de tous les cuisiniers et cuisinières, suivie de la Charcuterie, de la Pâtisserie et de l'Office, par ROBERT, ex-officier de bouche des ministres de l'intérieur et de la marine, de l'ambassadeur d'Angleterre, etc. 1 vol. in-8° avec beaucoup de figures. 3 fr. cartonné. [4 fr.]

HYGIÈNE

TRAITÉ DES ALIMENTS
ET DES BOISSONS

LEURS QUALITÉS, LEURS EFFETS, LE CHOIX QU'ON EN DOIT FAIRE
SELON L'AGE, LE SEXE, LE TEMPÉRAMENT
LA PROFESSION, LES CLIMATS, LES HABITUDES, LES MALADIES
PENDANT LA GROSSESSE, L'ALLAITEMENT, ETC.

Par M. A. GAUTIER, docteur en médecine.

DEUXIÈME ÉDITION
entièrement refondue et considérablement augmentée.

Par M. CHAPUSOT, docteur en médecine.

In-18 jésus de 216 pages et figure gravée *(appareil digestif)*
1872. — Prix : 2 fr. [2 fr. 25]

Cet ouvrage intéressant, écrit dans un style clair et concis, rendra d'utiles services aux jeunes mères, qui y puiseront des conseils pour nourrir leurs petits enfants ; les vieillards apprendront les précautions et les règles qu'ils doivent suivre pour conserver une robuste vieillesse ; les artistes, les hommes d'étude connaîtront l'hygiène la plus propre à sauvegarder la vigueur de leur intelligence et à soutenir leurs forces. Tout le monde saura que le plus ferme soutien de la santé est la tempérance et la modération.

La haute position scientifique que le docteur Chapusot s'est créée comme médecin et hygiéniste, est un sûr garant du succès de ce livre, que consacrent les nombreuses demandes qui nous en sont faites.

LE MÉDECIN DES CAMPAGNES. Traité des maladies que l'on peut guérir soi-même, de celles que l'on doit traiter avant l'arrivée du médecin ; par A. GAUTIER, docteur en médecine. 1 vol. in-12. 2 fr. [2 fr. 40]

PHARMACIE DOMESTIQUE, contenant la préparation des médicaments et l'indication des premiers secours à donner aux malades ; par M. BLANCHARD, pharmacien. 1 fr. [1 fr. 20]

BRÉVIAIRE DU GASTRONOME

UTILE ET RÉCRÉATIF

AIDE-MÉMOIRE POUR ORDONNER LES REPAS

DANS TOUT ÉTAT DE FORTUNE

Par l'Auteur de la CUISINIÈRE DE LA CAMPAGNE ET DE LA VILLE.

> L'homme ne vit pas seulement de pain.
> *Deutéronome*, VIII, 3.
> *Saint Matthieu*, IV, 4.

Un volume in-18 de près de 300 pages.

Le titre d'AIDE-MÉMOIRE fait bien comprendre la nécessité de ce petit volume destiné aux mains de la Maîtresse de Maison, près de laquelle il a sa place marquée dans la table à ouvrage, car ce n'est pas un livre de recettes de cuisine.

Elle pourra y puiser et méditer son projet à loisir et organiser un repas, non dans des *menus* impossibles, tels qu'il s'en trouve dans des ouvrages trop savants, mais dans des pages instructives sur tous les sujets de la gastronomie, mêlées de faits très-curieux et d'anecdotes amusantes, qui en font aussi un intéressant MANUEL DE LA CONVERSATION POUR LA TABLE.

Un nouveau tirage a permis de porter son prix à

1 franc broché, 1 fr. 25 relié *franco*.

Les journaux chroniqueurs ont annoncé avec des éloges spirituels ce livre comme utile et instructif.

LES NOUVEAUTÉS

DE LA GASTRONOMIE PRINCIÈRE

Par FERD. GRANDI

CHEF DES CUISINES DE S. EXC. LE PRINCE ANATOLE DE DÉMIDOFF

Ouvrage orné de 25 figures de relevés et de pièces montées.

On ne peut signaler ici la liste trop longue de plus de 300 préparations que contient l'ouvrage, telles que — *Chevreuil à la Biche au bois,* — le *Faisan à la* DÉMIDOFF, — le célèbre *Macaroni à la* ROSSINI, — le *Filet de bœuf à la* NAPOLÉON, etc., etc.

Le prix de ce beau volume grand in-8° est de 5 fr. *franco*.

LA MAISON DE CAMPAGNE (tome 1er), de Mme ADANSON, contenant les soins essentiels pour pratiquer avec avantage l'économie domestique à la campagne, 3 fr. 50 c. [4 fr. 10]

Le tome II contenait l'horticulture; ce volume n'a pu être revu à cause du décès de l'auteur et n'a pas été réimprimé. — La NOUVELLE MAISON DE CAMPAGNE, où la partie horticole a été traitée amplement et mise au courant du progrès, en tient lieu. (Voir page 11.)

L'ART DU TAUPIER, ou Méthode amusante et infaillible pour prendre les taupes, par M. DRALET; ouvrage publié par ordre du gouvernement. SEIZIÈME ÉDITION, corrigée et augmentée de *nouvelles observations très-importantes sur la taupe.* In-12, fig. 1 fr. [1 fr. 15]

TRAITÉ DE L'ÉDUCATION DES ANIMAUX DOMESTIQUES. Moyens les plus simples et les plus sûrs de les multiplier, de les entretenir en santé et d'en tirer le plus d'avantages possible; par THIÉBAUT DE BERNEAUD. 2 vol. 9 gravures. 4 fr. [4 fr. 50]

HISTOIRE NATURELLE DES ABEILLES, suivie de la manipulation et de l'emploi de la cire et du miel; par M. FÉBURIER. 1 vol. 1 fr. [1 fr. 20]

MÉTHODE CERTAINE ET SIMPLIFIÉE DE SOIGNER LES ABEILLES pour les conserver et en tirer un bénéfice assuré; par le même. 2e édition. 1 vol., fig. 1 fr. 25 c. [1 fr. 40]

LES AMUSEMENTS DE LA CAMPAGNE, contenant :

1° La description de tous les jeux qui peuvent ajouter à l'agrément des Jardins, servir dans les fêtes de famille et de village, et répandre la joie dans les fêtes publiques ;

2° L'Histoire naturelle, les soins qu'exige la volière, l'art d'empailler les animaux; le Jardinage, la Pêche, les diverses Chasses, la Navigation d'agrément; des récréations de Physique; des notions de Géométrie pratique, d'Astronomie, de Gnomonique; des principes de Gymnastique amusante, d'Équitation, de Natation, de Patinage; des leçons sur les arts de la Menuiserie, du Tour, du Dessin, de la Perspective; des recettes agréables à connaître, etc.

4 vol. in-12, ornés d'un grand nombre de fig. 8 fr. [9 fr. 30]

TRAITÉ

DE LA COMPOSITION ET DE L'ORNEMENT

DES JARDINS

avec 168 planches

REPRÉSENTANT, EN 750 FIGURES, DES PLANS DE JARDINS
DES FABRIQUES PROPRES A LEUR DÉCORATION
ET DES MACHINES POUR ÉLEVER LES EAUX

SIXIÈME ÉDITION

Par AUDOT

ex-secrétaire du comité de la composition des jardins
à la Société d'horticulture de Paris.

_____

Prix : 25 francs — [27 francs]

_____

CETTE SIXIÈME ÉDITION est augmentée de 7 planches représentant des plans de petites propriétés utiles et agréables, ainsi que les dessins de beaucoup de pavillons et habitations, selon le goût manifesté dans les nouvelles constructions décorées qui se voient présentement dans les parcs et jardins.

Un bon nombre de figures de la *cinquième* édition ont été supprimées et remplacées par des sujets nouveaux.

L'ouvrage contient :

COUP D'OEIL SUR L'HISTOIRE DES JARDINS et de l'horticulture. — Des divers genres de jardins. — Des sites en général.

ARPENTAGE, levé des plans, transport sur le terrain d'un dessin tracé sur le papier. 11 figures.

DES JARDINS FRUITIERS-POTAGERS. — Vergers. — Jardins mixtes.

DES JARDINS SYMÉTRIQUES, jardins anciens, boulingrins, vertugadins, pièces coupées, parterres à compartiments, broderies; jardin symétrique moderne, — de palais, — publics. 30 fig.

DES JARDINS FLEURISTES et du *Rosarium*. Jardin fleuriste variable.

DES JARDINS PAYSAGERS. Plans et descriptions de jardins de toutes grandeurs. 3 jardins fruitiers-potagers, 4 jardins fruitiers-potagers ornés, 4 jardins mixtes, 15 pièces de parterres modernes ou fleuristes, 12 petits jardins paysagers, depuis 4 perches jusqu'à un demi-arpent, 9 jardins paysagers moyens et grands, jardin cosmopolite, 7 jardins anglais, 2 hameaux ornés, 2 fermes ornées. 63 plans.

Jardin zoologique. — Hameau orné. — Ferme ornée.

Jardin paysager. Emploi et arrangement des végétaux. Listes des arbres, arbrisseaux et arbustes pour les bois et bosquets. 45 figures.

DES EAUX, poissons, oiseaux aquatiques, eaux naturelles, eaux artificielles : moyens d'élever les eaux, machines, puits artésiens, terrain où l'on peut espérer de trouver des eaux souterraines, sondage, fontaines et effets d'eau. 59 figures.

DES ROCHERS, cavernes, grottes.

CONSTRUCTIONS DIVERSES ET ORNEMENTS, serres. 24 figures.

Habitations et fabriques d'utilité, ferme ornée, écuries, vacheries, bergeries, laiteries, moulins, habitations et pavillons italiens, villa, casin, maisons transportables. 70 figures.

Maisons sur plans variés, décorées de balcons et lambrequins selon le goût moderne, 14 figures. — Détails pour carreaux et planchers, toits avec tuiles et cheminées ornées, lambrequins bordant les toits, balcons, 44 figures.

Maisons suisses, chalets, cottages. 30 figures. Glacières. 2 figures.

Ponts en pierre, en charpente, rustiques, suspendus en fil de fer, levis, tournant, naturel, vivant. 37 figures.

Maisons et maisonnettes rustiques, chinoises, etc. 50 figures.

Cabanes pour loger les animaux, colombiers, volières. 61 figures.

Fabriques d'ornement et de récréation, cabanes, pavillons, kiosques, belvédères, observatoires, débarcadères, maisons de gardes, etc. 80 figures.

Chapelles, oratoires, ermitages, *ex-voto*, temples. 44 figures.

Obélisques, tombeaux, exèdres, colonnes, statues, vases. 24 fig.

Jeux, tir à l'arc, au pistolet, au fusil, jeux de bague, bascule, danse de corde, gymnastique. 8 fig.

Barrières, treillages, palis, siéges rustiques, étagère ou théâtre de fleurs. 43 fig. Barques. 13 fig.

En tout 750 figures gravées sur 168 planches, non compris beaucoup de figures de détail.

LA NOUVELLE MAISON DE CAMPAGNE,

Jardinage, Économie de la maison, Animaux domestiques,

**d'après les documents recueillis et publiés par M. L. E. A.,
membre de plusieurs sociétés d'horticulture.**

Le jardinage y est traité complétement, depuis la composition des jardins jusqu'aux détails concernant la place et la CULTURE PARTICULIÈRE DE CHAQUE PLANTE ou arbre d'utilité et d'agrément. On n'y a même pas omis des notions de BOTANIQUE HORTICOLE. La GREFFE et la TAILLE sont enseignées d'après les meilleures méthodes, aidées de bonnes et nombreuses figures. — 1 volume in-12 contenant 217 figures. 3 fr. cartonné et 3 fr. 60 c. *franco.*

ÉDITION AVEC SUPPLÉMENT, contenant de nouveaux articles sur les progrès en culture :

Des ASPERGES EN RIGOLES. — Du FIGUIER A COURTES TIGES.

Des nouveaux JARDINS DES CHAMPS-ÉLYSÉES, du PARC DE MONCEAUX et des SQUARES de Paris : composition et entretien.

L'INSECTICIDE HORTICOLE. Cet instrument, d'une utilité réelle, et que l'on peut fabriquer partout, a été admis à l'EXPOSITION D'INSECTOLOGIE AGRICOLE en 1868.

Le SUPPLÉMENT SEUL, avec 5 figures, pour les acquéreurs de la première édition : 1 fr. *franco.*

Réunis à la CUISINIÈRE DE LA CAMPAGNE, ces deux volumes, de mêmes prix et format, composent une véritable ENCYCLOPÉDIE DE LA MAITRESSE DE MAISON à la campagne et même à la ville.

HERBIER GÉNÉRAL DE L'AMATEUR, contenant la description, l'histoire, les propriétés et la culture des végétaux utiles et agréables, par MORDAUT DELAUNAY et LOISELEUR DESLONGCHAMPS. 8 vol. grand in-8° coloriés, cartonnés, 1re série et 2e SÉRIE, tome I seulement. Prix : 250 fr. (*Occasion.*)

HERBIER GÉNÉRAL DE L'AMATEUR, 2e SÉRIE. 96 gravures coloriées. 50 fr. Tome I seulement.

L'ART DE CHAUFFER par le thermosiphon, ou calorifère à eau chaude, les serres et les habitations, d'après les physiciens français et étrangers, suivi d'un article sur le calorifère à air chaud; par AUDOT, membre de plusieurs sociétés d'horticulture. SECONDE ÉDITION, abrégée et mise au courant du progrès. In-4° oblong, figures, 3 fr. [3 fr. 30]

LE BON JARDINIER, Almanach Horticole : année courante. 1 vol. in-12. 7 fr. et 8 fr. 25 c. *franco*. — Véritable *traité* de l'Horticulture sous le titre trop modeste d'*almanach*.

MANUEL DU CULTIVATEUR DE DAHLIAS, par A. LEGRAND, seconde édition, revue et corrigée par M. PÉPIN, jardinier en chef au Jardin des Plantes. In-12, 36 fig. 1 fr. 75 c. [2 fr.]

LA ROSE, *histoire, culture, poésie;* par P. L. A. LOISELEUR DESLONGCHAMPS. 1 vol. in-12, fig. 3 fr. 50 c. [4 fr.]
Ouvrage le plus instructif et le plus intéressant de tous ceux qui ont été publiés sur la Rose.

LA PENSÉE, la Violette, **L'AURICULE** ou Oreille d'ours, la Primevère; histoire et culture; par RAGONOT-GODEFROY, horticulteur. 1 vol. in-12 avec figures color. 2 fr. [2 fr. 20.]

L'ŒILLET, son histoire et sa culture, par DUPUIS. 140 p. in-32. 1 fr.

DU FUCHSIA, SON HISTOIRE ET SA CULTURE, suivies d'une monographie contenant 520 espèces ou variétés; par M. F. PORCHER, président de la Société d'Horticulture d'Orléans, chevalier de la Légion d'honneur, membre correspondant de la Société Royale d'Horticulture des Pays-Bas, de celle de Malines, etc., seconde édition, augmentée. 1 vol. in-12. 1 fr. 25 [1 fr. 40]

MONOGRAPHIE ET TRAITÉ MÉTHODIQUE DE LA **CULTURE DES PELARGONIUM**, précédé d'une introduction historique, d'une bibliographie spéciale et d'une description des serres propres à cette culture; par de JONGHE. 2 fr. [2 fr. 25]

TRAITÉ COMPLET DE LA GREFFE, par Louis NOISETTE. 2° édition. 1 vol. in-12. 2 fr. 50 [3 fr.]

FLORE DE LA BOTANIQUE DES DAMES, 1 vol. in-18, cartonné, fig. noires, 6 fr.

ARBRES FRUITIERS. Taille et mise à fruit, par PUVIS. 2° édition. 167 pages. 1 fr. 25 [1 fr. 40]

LE JARDINIER DES FENÊTRES, DES APPARTE-MENTS ET DES PETITS JARDINS. 1 vol. in-18 de 280 pages et 40 gravures. 4e édition. 3 fr. 50.

PETITE ENCYCLOPÉDIE DES HABITANTS DE LA CAMPAGNE, ou Éléments de l'agriculture et des sciences qui s'y rapportent; 2e édition. 1 vol. in-12. 2 fr.

HISTOIRE DE L'AGRICULTURE FRANÇAISE, par M. le baron DE LA BERGERIE. 1815. 1 vol. in-8o. 2 fr.

ASPERGE (Culture de l'), par LOISEL. 2e édition. 108 pages et 8 gravures. 1 fr. 25 [1 fr. 40]

MELON (Culture du), par LOISEL. 5e édition. 108 pages et 7 gravures. 1 fr. 40.

HERBIER MÉDICAL, ou Collection de figures représentant les plantes médicinales indigènes, supplément au *Manuel des Plantes médicinales,* de M. A. GAUTIER, et à tous les Dictionnaires d'histoire naturelle et autres ouvrages. 214 fig. In-12, noir, 10 fr.

MONOGRAPHIE DU GENRE ROSIER, par de PROUVILLE. 1 vol. in-8o. 2 fr. [2 fr. 50]

EN PRÉPARATION :

La deuxième édition du

MANUEL DES PLANTES MÉDICINALES

OU DESCRIPTION, USAGES ET CULTURE

DES VÉGÉTAUX INDIGÈNES EMPLOYÉS EN MÉDECINE

CONTENANT :

La manière de les recueillir, de les sécher et de les conserver; les préparations qu'on leur fait subir, et les doses auxquelles on les administre; leurs propriétés; le temps de leur floraison, de leur récolte, et les lieux où ils croissent naturellement; les symptômes et le traitement des empoisonnements par ceux qui sont vénéneux, etc.

Par A. GAUTIER, docteur en médecine.

LE VIGNOLE DE POCHE

OU

MÉMORIAL DES ARTISTES, DES PROPRIÉTAIRES ET DES OUVRIERS

Sixième édition

CONTENANT LES PRINCIPAUX MONUMENTS D'ATHÈNES

entièrement refondue, corrigée et augmentée d'un

Dictionnaire portatif d'architecture

Par URBAIN VITRY, architecte.

1 vol. gr. in-16, avec 55 planches. Prix, avec le Dictionnaire : 4 fr.

Les planches de ce Vignole sont gravées avec une grande perfection par M. HIBON.

L'ART DE FAIRE

A PEU DE FRAIS

LES FEUX D'ARTIFICE
Par M. L. E. AUDOT.

QUATRIÈME ÉDITION

Augmentée des **NOUVEAUX FEUX DE COULEUR**, des **FUSÉES A PARACHUTE**, et de notions sur la **LUMIÈRE ÉLECTRIQUE**, avec 50 figures. 1853. In-12. 2 fr. [2 fr. 20]

ART DU MENUISIER en bâtiments et en meubles, suivi de **L'ART DE L'ÉBÉNISTE**. Ouvrage contenant des éléments de géométrie appliquée au **TRAIT DU MENUISIER**, de nombreux modèles d'escaliers, l'exposé de tout ce qui a été récemment inventé pour rendre l'outillage parfait; des notions fort étendues sur les bois, sur la manière de les colorer, de les polir, de les vernir, et sur leur placage, par M. PAULIN DESORMEAUX, auteur de *l'Art du tourneur*. Ouvrage orné de 71 planches. Prix : 12 francs *franco*.

L'ART
DU TOURNEUR

PAR M. PAULIN DESORMEAUX

Auteur de l'*Art du Menuisier*.

Deux volumes in-12, avec un volume grand in-4°

CONTENANT

36 planches, dont 4 doubles et 2 coloriées

Prix *réduit* : 15 fr. *franco*.

PRINCIPES

D E

L'ART DU TOUR

EXTRAITS DE L'OUVRAGE DE M. PAULIN DESORMEAUX

Par l'Auteur.

1 vol. in-12, avec 6 planches. 2 fr. [2 fr. 50]

Dans cet Abrégé, rien de ce qui est essentiel n'a été omis, et il renferme tout ce qu'il est utile qu'un commençant connaisse.

ART DE FABRIQUER TOUTES SORTES D'OUVRAGES EN PAPIER, ou principes faciles de géométrie enseignés en construisant des petits objets d'utilité ou d'agrément. 3° édition, avec 22 planches grav. 1 vol. in-18. 2 fr. [2 fr. 25 c.]

ART DE CONSTRUIRE EN CARTONNAGE toutes sortes d'ouvrages d'utilité et d'agrément, avec 8 pl. grav. 1 fr. 50 c.

LE CABINET D'HISTOIRE NATURELLE, formé des productions du pays que l'on habite, avec la méthode de classement, l'art d'empailler les animaux et de conserver les plantes et les insectes; dédié à M. le baron CUVIER. 2 vol. in-18; fig. 3 fr. 50 c. [4 fr.]

OEUVRE

DE

FLAXMAN

268 PLANCHES

GRAVÉES PAR RÉVEIL

ACCOMPAGNÉES D'UNE NOTICE SUR LA VIE DE CE CÉLÈBRE ARTISTE

et d'une analyse de la *Divine Comédie* de DANTE

8 livraisons format in-4°. Prix : 26 francs.

CHAQUE PARTIE SÉPARÉMENT :

Iliade d'Homère, 40 planches.....................	4 fr. »»
Odyssée, 35 planches...........................	4 fr. »»
Tragédies d'Eschyle, 34 planches................	3 fr. 50
Enfer de Dante, 39 planches....................	4 fr. »»
Purgatoire, 38 planches.......................	4 fr. »»
Paradis, 34 planches..........................	4 fr. »»
Œuvre des Jours et *Théogonie* d'Hésiode, 37 planches.	5 fr. »»
Statues et bas-reliefs, 14 planches..............	2 fr. 50

Jusqu'ici, aucun recueil complet des ouvrages de FLAXMAN n'avait été publié ; cette lacune dans les arts, M. RÉVEIL s'est efforcé de la remplir ; aussi a-t-il donné les onze dessins que FLAXMAN composa comme supplément à l'Homère, et des morceaux inédits, tels que les statues et bas-reliefs de Covent-Garden, les monuments de Chichester, de Westminster, etc.

GÉOMÉTRIE DE L'OUVRIER, ou Application de la règle, de l'équerre et du compas; par E. MARTIN. 1 fr. [1 fr. 20]

NOTIONS ÉLÉMENTAIRES DE PERSPECTIVE linéaire, et théorie des ombres; par RICHARD. 1 vol. 1 fr. [1 fr. 20]

ART DU MAÇON, par ÉMILE MARTIN. 1 vol., fig. 1 fr. [1 fr. 20]

ART de préparer la chaux, le plâtre, et de fabriquer les briques et carreaux. 1 vol., fig. 1 fr. [1 fr. 20]

ART DE L'ORNEMANISTE, du stucateur, du carreleur en pavés de mosaïque, et du décorateur. 1 vol., fig. 1 fr.

ART DE FABRIQUER EN PIERRE FACTICE des bassins, conduites d'eau, dalles, enduits pour les murs humides, mosaïques, etc.; de jeter en moule des vases, colonnes, statues. 1 vol., fig. 1 fr. [1 fr. 20]

CHIMIE DU TEINTURIER, par E. MARTIN, directeur de teintureries à Louviers et à Elbeuf. 1 vol. 1 fr. [1 fr. 20]

ART DE LA TEINTURE de la soie, du coton, du lin et des toiles imprimées; par le MÊME. 1 vol. 1 fr. [1 fr. 20]

ART DE LA TEINTURE DES LAINES; par le MÊME. 1 vol. 1 fr. [1 fr. 20]

ART DE DÉGRAISSER et de remettre à neuf les tissus. 1 fr.

TRAITÉ COMPLET SUR L'ÉDUCATION PHYSIQUE ET MORALE DES CHATS, suivi de l'art de guérir leurs maladies. 1 fr.

LES PERROQUETS, leur éducation physique et morale; l'art de guérir leurs maladies. 1 vol. 1 fr.

ART DE BOXER, traduit de l'anglais, 1 vol. in-18, fig. 1 fr.

MANUEL DE L'AMATEUR D'HUITRES, figures coloriées. 1 vol. 1 fr. [1 fr. 15]

ART DU CHAUFFAGE DOMESTIQUE et de la cuisson économique des aliments. 1 vol. avec figures. 1 fr.

ART DE LA CONSERVATION DES SUBSTANCES ALIMENTAIRES. 1 vol. 1 fr. [1 fr. 20]

LA CUISINE DE SANTÉ, préservative des maladies. 1 vol. in-12. 1 fr. [1 fr. 30]

LA CUISINIÈRE
DE LA CAMPAGNE

ET DE LA VILLE

ou

NOUVELLE CUISINE ÉCONOMIQUE

PAR M. L. E. AUDOT

AVEC 300 FIGURES, DONT 2 COLORIÉES

In-12 cartonné. — Prix : 3 fr. [4 francs *franco*]
Relié, 4 fr. 25 [5 fr. 25 *franco*]

La 1re édition a paru en 1818, et la 52e en 1874
chacune mise au courant du progrès annuel.

CET EXCELLENT OUVRAGE

A ÉTÉ ADMIS SPÉCIALEMENT

A L'EXPOSITION UNIVERSELLE

DE 1867

Groupe X, Classe 90

II· GALERIE

(Bibliothèque de l'Enseignement donné dans la Famille, la Commune, etc.)

ET CHOISI PAR LE COMITÉ D'ADMISSION
DANS LE BUT DE POPULARISER L'ART DE PRÉPARER
LES ALIMENTS PAR DES MÉTHODES SAINES, AGRÉABLES
ET AVEC LE PLUS D'ÉCONOMIE POSSIBLE.

En vente chez tous les Libraires.

PARIS. TYPOGRAPHIE DE E. PLON ET Cie, RUE GARANCIÈRE.

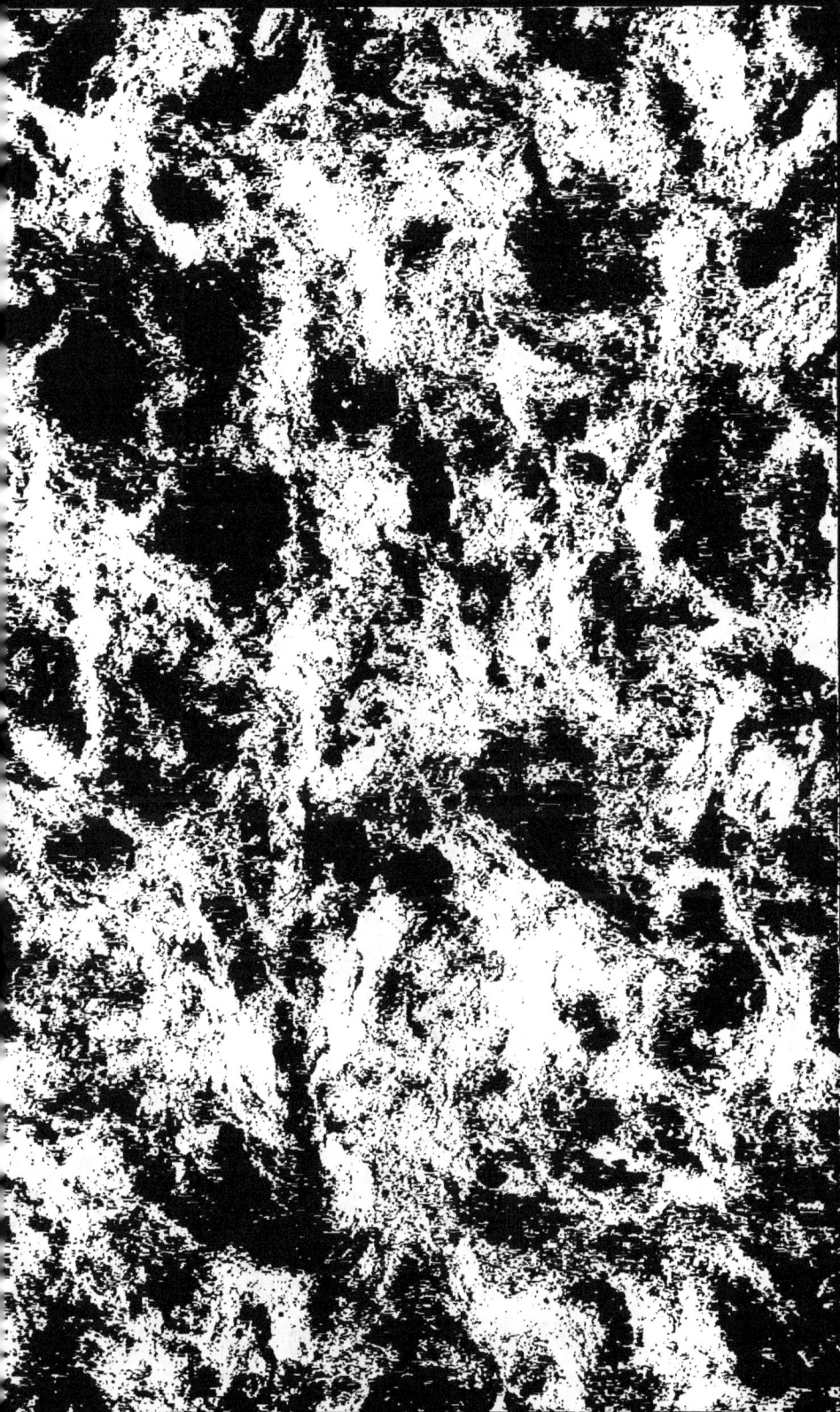

www.ingramcontent.com/pod-product-compliance
Lightning Source LLC
Chambersburg PA
CBHW072302210326
41519CB00057B/2493